AF403916

Paris
1803

Lancelin, Pierre Francois

Introduction à l'analyse des sciences, ou de la Génération, des fondements, et des instruments de nos connaissances

Tome 3

INTRODUCTION

A L'ANALYSE

DES SCIENCES.

VÉRITÉ FONDAMENTALE.

Il n'existe, il ne peut exister qu'une science réelle, *celle de la Nature.*

L'AUTEUR.

INTRODUCTION

A L'ANALYSE

DES SCIENCES,

Ou de la Génération, des Fondemens, et des Instrumens de nos connoissances.

PAR P. F. LANCELIN,

Ex-Ingénieur de la Marine française, Membre de la Société d'encouragement pour l'industrie nationale, de la Société galvanique, de la Société académique des sciences de Paris, de l'Institut départemental de Nantes, etc.

Au perfectionnement de la raison humaine.

TROISIÈME ET DERNIÈRE PARTIE.

DE L'IMPRIMERIE DE H. L. PERRONNEAU.

A PARIS,

Chez {
Fuchs, Libraire, rue des Mathurins.
Duprat, quai des Augustins.
Firmin Didot, rue de Thionville.
Levrault, quai Voltaire.

AN XI. — 1803.

INTRODUCTION

A

L'ANALYSE DES SCIENCES.

TROISIEME PARTIE,

OU

CINQUIEME ET DERNIÈRE SECTION.

De la division de nos connoissances ; des progrès et des bornes de l'esprit humain.

CHAPITRE PREMIER.

Notion précise de la Nature ; des principales forces agissantes sur le monde physique et moral, et tableau analytique de leurs effets, d'où naît une nouvelle division de nos connoissances, fondée sur la distinction des produits réguliers et irréguliers de la nature, et sur celle des produits réguliers et irréguliers de la force pensante. Double tableau qui en résulte, etc. (1).

J'AI dit ci-devant que la *Nature* (ou l'univers en action) étoit *la somme totale des corps, plus la somme*

---

(1) Les titres des deux premiers chapitres (énoncés pag. liij , première partie) se trouvent réunis en un seul; même chose a lieu pour les chapitres 3 et 4.

des forces dont ils sont animés : ainsi donc le tableau gé‑
néral des corps joint au tableau général de ces forces ,
forme l'histoire complette de la nature , qui est le tra‑
vail commun de tous les esprits et de tous les siècles.

Toutes les parties du grand corps de l'univers ónt
leurs forces ou puissances particulières, lesquelles
se mesurent 1°. par la somme des mouvemens qui
ont lieu dans l'intérieur de chaque corps ; 2°. par
celle des mouvemens qu'elles impriment ou peuvent
imprimer à tous les autres corps : ainsi le *soleil* a sa
force , les *planètes* tournant autour de lui ont la
leur , la *terre* a la sienne , ainsi que la *lune* dont
l'action est rendue si sensible par les agitations pé‑
riodiques des mers : l'*océan* ou la masse totale des
eaux remuée par l'action solaire et lunaire , etc. ,
a sa force qu'il exerce sur lui-même par le balan‑
cement et le choc de ses vagues , et sur toutes les
terres (îles ou continens) qu'il entoure , qu'il
inonde et parcourt successivement et à la longue ,
enfin qu'il façonne et modifie puissamment, tantôt
en rongeant et détruisant leurs contours, et empor‑
tant avec lui ces débris dont il compose de nouvelles
terres , de nouvelles montagnes *sous - marines* , et
souvent de nouvelles îles ; tantôt en apportant et
déposant sur leurs bords , par couches parallèles ,
les débris des terres et des substances de toute es‑
pèce qu'il entraîne dans son cours : l'*atmosphère*
(ou cette zone fluide qui recouvre et environne le
noyau solide et liquide du globe), mise en mouve‑
ment par le calorique et l'attraction , etc. , a ses
forces qu'elle déploie pareillement sur les terres et

les mers par son choc , et sur toute espèce de corps
terrestres par sa pression , mesurée à la surface de la
mer par une colonne d'eau d'environ 32 pieds , ou par
une colonne équivalente de mercure d'environ 28
pouces de hauteur : les *fleuves* , les *rivières* , les *ruis-*
seaux , enfin tous ces courans d'eau naturels ou artificiels , dus originairement à l'évaporation des eaux de
la mer , et qui , après avoir arrosé et parcouru la portion solide du globe par une suite de plans incli-
nés (d'où résultent et la forme de leur lit et la
vîtesse ou la lenteur de leur cours) , vont se perdre
de nouveau dans le grand bassin ou réservoir commun (l'*océan*) , ont de même leur force et leur
manière d'agir par la pression et le choc , etc. Il
en est de même des vents , qui ne sont que de grands
fleuves aériens dont le lit est fort variable ; il faut
en dire autant des *nuages* qu'ils entraînent avec
eux , des *trombes* , des *volcans* , des *feux souter-*
reins , etc. ; de tous les météores (*pluie* , *neige* , *grêle* ,
tonnerre , *globes de feu* , etc.) résultant de l'action
combinée de l'attraction , du calorique , et des
fluides (lumineux , électrique , magnétique , galvanique , etc.) : enfin les pierres , les métaux , les sels ,
les acides , les alkalis , les plantes , les arbrisseaux ,
les arbres , les quadrupèdes , les oiseaux , les poissons , formant le système général des êtres naturels
(animés ou inanimés) , et qui , envisagés sous trois
grands points de vue , ont donné naissance à ces
trois grandes et premières classifications nommées
règne animal , *règne végétal* , *règne minéral* , ont leur
genre et leur degré d'action , c'est-à-dire , un sys-

tême de forces et de facultés qu'ils tiennent , ainsi que leur organisation , de ces grandes et primitives puissances agissantes 1°. sur le globe et sur toutes les substances qui le composent ; 2°. sur toutes les planètes formant avec le soleil notre tourbillon ou système du monde ; 3°. sur les étoiles , comètes ou portions de matière quelconque placées çà et là dans l'espace , et composant toutes ensemble *la force gé-nérale de l'univers* ou *la résultante de toutes les forces de la Nature* (1) , ce grand tout dont on peut dire

---

(1) L'idée de la Nature renferme , comme l'on voit, deux grandes idées , 1°. l'ensemble de tous les corps (*toute la ma-tière*); 2°. l'ensemble des forces agissantes sur chaque partie matérielle , par suite de son organisation interne et sa position dans le système général des corps ou dans l'univers. Quelque-fois on sépare ces deux élémens, et on ne donne le nom de Nature qu'au dernier ou à *la somme des forces* : mais ce n'est-là qu'une abstraction, car les forces sont inhérentes à la ma-tière , n'existent que par elle , et s'évanouiroient avec elle si la matière pouvoit s'anéantir; mais comme cette supposition est absurde, nous concluons que ces forces sont éternelles ainsi que l'univers, quoique variables dans leurs résultats, qui nous offrent le grand tableau des métamorphoses naturelles.

De même que l'univers, considéré comme un seul corps, a sa nature , résultante de la somme totale des élémens matériels et de la somme des forces auxquelles obéit la matière ; de même chaque corps et famille de corps semblables ont la leur, résul-tante de leur construction ou conformation particulière , et du système de forces dont ils sont animés. Ainsi le soleil a sa nature, la terre a la sienne ; il en est de même des planètes , des étoiles, des comètes , etc. , enfin de tous ces grands corps qui sont les pièces fondamentales de la grande machine du monde ; l'homme et les animaux, les végétaux, les minéraux ont la leur, etc. : et comme tous les élémens qui entrent dans la formation de chaque corps ou système de corps (lié plus ou moins avec tout

avec Sénèque : *hoc opus aeternum irrevocabiles habet motus.*

---

l'univers) sont pour la plupart fort variables, ainsi que les forces qui les animent intérieurement ou extérieurement, il est évident que la somme tótale des corps et des forces (ou l'univers et la Nature) sont, quoique tous deux éternels, dans un état perpétuel de révolution et de métamorphose Les grands corps et les grands systêmes de corps sont les plus durables ; mais la plupart d'entre eux ont commencé et finiront : la régularité des mouvemens planétaires, produite par la continuité et la simplicité des forces auxquelles le système solaire est soumis, entretient sur toutes les planètes une régularité de saisons, qui permet le développement des espèces vivantes par-tout où, comme sur le globe terrestre, il règne un degré de chaleur convenable et un calme qui n'est point trop dérangé par les forces perturbatrices agissantes à l'intérieur ou à l'extérieur de chaque planète (comme les volcans, les tremblemens de terre, les grandes agitations des mers et de l'atmosphère, etc.) ; enfin par cet état de confusion et de cahos qui a dû précéder par-tout l'équilibre des élémens : mais ces espèces ou familles naturelles d'animaux, quoique très-durables par rapport aux individus qui ont à peine le tems de boire dans la coupe de la vie, paroissent comme eux destinés à périr tôt ou tard. Un certain affoiblissement ou une augmentation trop forte de la chaleur solaire, comme une trop grande diminution du calorique interne (car l'un et l'autre peuvent être et même paroissent variables, quoique très-lentement, vu l'immensité des masses), sont des causes suffisantes pour amener leur destruction ; sans parler d'une foule de maladies épidémiques, et de tous ces fléaux qui sont les tristes fruits des passions humaines et des rigueurs de la Nature. Déja, malgré le peu de durée de nos observations, plusieurs espèces semblen avoir disparu ; nos derniers neveux pourront en découvrir de nouvelles, qui disparoîtront à leur tour pour faire place à d'autres. C'est ainsi que le mouvement, aidé du tems, crée et détruit tout ; et de là ce dieu poétique, cet antique Saturne, fils du ciel et de la terre, éternellement condamné à dévorer ses enfans.

Toutes ces forces composent une ou plusieurs chaînes dont les anneaux sont liés et subordonnés les uns aux autres, et dont chacun est cause ou effet, depuis le dernier ou le moins étendu, jusqu'au premier où celui qui est regardé comme tel, qui est au-dessus de tout et au-delà duquel on ne conçoit rien, enfin qui, étant le plus général, est regardé comme la cause première de tous les autres. Le but du naturaliste, du physicien, etc., en un mot du philosophe, est de démêler au travers de

---

Nota. J'ai cru devoir fixer ici, avec précision, les idées qu'il faut attacher à ces quatre grands objets de nos connoissances ; 1º. *le globe* ou *la terre*, cette sphère matérielle d'environ trois mille lieues de diamètre, sur laquelle la puissance de sa masse ou son attraction nous tient attachés ; 2º. *le système du monde* (contenant le soleil, les planètes et leurs satellites, enfin les comètes et tous les corps qui ont le soleil pour foyer ou centre de leurs mouvemens) ; 3º. *l'univers*, renfermant avec notre système tous les systèmes semblables, ou ce grand amas d'étoiles, contenant tous les mondes et groupes de mondes semés dans l'espace céleste, et dont la vue simple nous démontre l'existence ; 4º. enfin la *Nature* ou la somme de tous les corps soumis à ces forces, d'où résultent l'ensemble de leurs mouvemens et l'aspect sous lequel s'offre à nous l'univers.

Souvent dans la conversation, où l'on ne se pique guère d'exactitude, on confond ces quatre choses ; souvent l'on donne le nom de monde et celui d'univers à l'espèce humaine : cette expression *le monde* ne s'étend, pour beaucoup de personnes, qu'à l'Europe ; pour d'autres, qu'à leur pays ou à la province qu'ils habitent ; et quelquefois elle se trouve bornée à un cercle étroit de lieux et de sociétés au sein desquels on passe sa vie. Chacun augmentant ou diminuant le monde à son gré, on sent que, pour le montrer tel qu'il est, il falloit en donner une idée nette et précise, comme je viens de le faire.

cette complication de forces intimement unies et confondues, d'où résultent tous les mouvemens et phénomènes naturels sur le globe et dans l'espace céleste, celles qui doivent être regardées comme causes ou effets ; de les classer, de les mesurer et d'assigner leurs lois constantes ou variables ; de rapporter chaque fait précisément à la cause ou fait qui le produit, et de former de tous ces faits plusieurs grandes séries, et autant que possible une série unique de chaînons subordonnés, dont chaque terme occupe la place que lui assigne dans l'univers le degré de son influence.

Chaque événement, chaque phénomène qui ont lieu sur le globe et dans l'espace céleste, étant le résultat du si grand nombre de mouvemens et de forces, il n'est pas étonnant que l'on éprouve souvent tant de difficulté pour les démêler, et que l'étude de la nature soit si compliquée et si difficile à débrouiller. Le moyen d'en venir à bout est de la simplifier ; pour cela, il faut s'efforcer de ramener tous les effets au plus petit nombre possible de forces générales, que l'on essaie ensuite de soumettre au calcul ou du moins à une exacte analyse expérimentale, quand on ne peut les mesurer.

Or les quatre principales forces agissantes sur l'univers, les quatre grandes causes primitives de tous ou presque tous les mouvemens secondaires connus jusqu'à ce jour, sont : 1°. la *pesanteur universelle* ou la *gravitation* ; 2°. l'*action du calorique* ; 3°. l'*intelligence* (ou force pensante) ; 4°. la *volonté* (ou force motrice des corps sensibles). C'est sur-tout à la combinaison des

A 4

deux premières forces qu'il faut rapporter tous les mouvemens primitifs des corps célestes ; et c'est de la combinaison des deux dernières que dépendent la formation et les lois du *monde moral* et *vivant* (je désigne par
ces mots la somme des êtres organisés et sensibles épars
sur le globe , et à la tête desquels est l'homme). —
C'est la pesanteur qui , combinée avec la force du calorique , a présidé à l'organisation actuelle du système
solaire ; c'est de leur action simultanée qu'est résultée
la double force impulsive et centrale qui a déterminé
le mouvement elliptique de toutes les planètes dans le
même sens , et d'occident en orient ou de droite à gauche (1). C'est la pesanteur qui a donné au soleil , aux
planètes et à leurs satellites (et sans doute aussi à tous
les corps célestes dont le diamètre ou la forme échappe à la puissance de nos sens et de nos instrumens)
la figure ronde que nous leur voyons ; c'est elle qui ,
dans l'origine des choses, a disposé, dans l'ordre actuel
de leur gravité spécifique , les trois grandes masses ,
l'*air*, l'*eau* et la *terre* , dont la réunion compose
notre globe ; c'est elle qui , par son action immense
et toujours subsistante , tenant toutes les parties de
la matière liées les unes aux autres , produit non-
seulement l'organisation de tous les mondes , mais
les phénomènes de la *grande chimie de la Nature* , ani-
maux , *végétaux* , (voyez première partie , pag. 117 ,

------

(1) Du moins c'est ce que j'espère pouvoir démontrer dans un
ouvrage à part , annoncé page 45 de mon discours préliminaire ,
tome premier , et à la fin du tome troisième.

118, etc.) ; c'est elle qui balance perpétuellement
les couches mobiles de l'océan et de l'atmosphère ,
qui fait couler les fleuves vers la mer , rouler dans
les plaines les débris des montagnes , etc. , et
qui produit ainsi les premières impulsions , d'où
naissent par communication tous les principaux
mouvemens naturels que nous appercevons sur la
terre , sur les eaux et dans les airs , mouvemens que
l'homme a su , dans tous les tems , faire servir à
ses besoins , à ses commodités et à ses plaisirs, en
en faisant l'application à cette multitude de machines (moulins à eau , moulins à vent , bateaux ,
barques , navires , vaisseaux , horloges, mécaniques
servant à broyer , scier , soulever et transporter les
corps , etc.) , dont l'ensemble forme l'architecture
hydraulique et navale , etc. , et le principal tableau
de l'industrie humaine. La force d'impulsion est
donc due en partie 1°. à la pesanteur ; 2°. une autre
portion provient de la force du calorique. — Ce
puissant fluide , émané naturellement des corps
brûlans , ou allumé et mis en activité par l'homme
sur notre globe , est (ainsi que l'attraction universelle) un des premiers agens de la nature. Concentré
dans la masse énorme du soleil , il s'en échappe
sans cesse en tout sens , et porte la lumière , la chaleur , la végétation et la vie sur le globe de la terre
et tout le système planétaire qui l'environne : on
lui doit sur chaque planète cette variété et succession périodique de changemens insensibles et de
phénomènes réguliers correspondans à chaque révolution , et dont la durée , divisée par les habitans

de la terre en quatre parties égales, a formé ce que nous appelons chez nous les *saisons*; c'est lui qui, faisant varier la température de l'atmosphère, y produit, conjointement avec l'attraction solaire et lunaire, ces courans plus ou moins réguliers, ou vents annuels nommés *vents alisés*, *moussons*, etc. : en produisant les évaporations ou la transpiration insensible et continuelle du grand corps de la terre, il donne naissance aux nuages par la réunion de ces exhalaisons qui, réduites en eau, en neige, en grêle, etc., font naître à leur tour les fontaines, les ruisseaux, les rivières et les fleuves, lesquels, après être allé se perdre au sein du grand réservoir maritime, en ressortent sous la forme de vapeurs, pour parcourir de nouveau le même cercle de variations : enfin c'est par la force variable du calorique (par son accroissement ou sa diminution) que tous les corps se dilatent ou se condensent, que la glace se fond en eau, et que l'eau se résoud en vapeurs (agent puissant auquel nous devons l'invention ingénieuse et moderne des pompes à feu, très-propre à suppléer et à économiser l'action de ces quatre grands moteurs, l'*eau*, l'*air*, le *poids des corps* et l'*effort des êtres vivans* déja employés dans les mécaniques). — Le calorique, en écartant plus ou moins les molécules constituantes des corps, en facilite la composition et la décomposition ; il seconde le jeu des attractions électives, et concourt ainsi à toutes les productions minérales, végétales et animales, en un mot à toutes les transformations de la matière, dont il peut faire passer les diverses parties par les trois états bien distincts de *solide*, de *li-quide* et de *fluide aériforme*, dont le globe nous offre l'ensemble dans sa composition actuelle due à la distance où il se trouve du soleil et au degré de calorique qu'il en reçoit. 3°. Enfin l'homme et les animaux ont leur degré de force motrice et impulsive qui, réunie à l'intelligence ou force pensante, a créé tous les arts et produit cette réunion d'instrumens et de machines dont l'ensemble forme cette espèce de monde artificiel dont toutes les parties se communiquent le mouvement et offrent un tableau mobile, monument variable et continuel du génie et de la puissance de l'homme sur la matière.

C'est à ces deux forces, *l'intelligence* et la *volonté*, qu'il faut rapporter la naissance, l'accroissement et le perfectionnement des sociétés humaines. C'est de l'application de l'usage plus ou moins heureux qu'on en fait que dépendent le degré de civilisation des peuples, leur état de splendeur et de prospérité, ou d'abaissement et de misère ; en un mot, leur force ou leur foiblesse, leur durée, leur éclat, leur décadence et leur chute. C'est l'intelligence et la volonté de ceux qui gouvernent, qui décident en bien ou en mal du sort des gouvernés ; ce sont elles qui créent la population, les sciences et les arts ou qui les détruisent ; qui allument ou éteignent à leur gré le flambeau de l'instruction publique ; qui font circuler les lumières ou en arrêtent les progrès ; qui font les bonnes ou les mauvaises lois, les font exécuter ou en suspendent l'exécution ;

qui souvent préfèrent aux sciences et aux beaux arts,
aux arts utiles et paisibles de l'agriculture, de l'industrie et du commerce, l'art infernal et destructeur
de la guerre, dont elles abrègent ou prolongent le
cours à leur gré : ce sont elles qui étouffent les
hommes ou les font naître, car c'est de la volonté
des pères (en partie subordonnée à celle des chefs
des états) que dépend l'existence des individus qui
composent la société, comme c'est de leur intelligence que dépendent l'éducation et le bonheur des
enfans; en un mot, c'est le génie des hommes réù-
nis en société qui, combiné avec leurs passions (dont
l'ensemble n'est que le développement de la volonté),
produit à-la-fois les vertus et les vices, les belles actions et les crimes, et par suite les révolutions ou
bouleversemens, les sanglantes catastrophes, et tous
les événemens heureux ou malheureux, tant ceux
qui s'étendent sur la société entière, que ceux qui ne
frappent que quelques individus ou un seul individu (1).

---

(1) Outre ces quatre grands et principaux agens, il en existe
encore d'autres, la *lumière*, l'*électricité* et le *galvanisme*, etc.
L'identité de ce dernier avec le fluide électrique est probable,
mais ne me semble pas encore tout-à-fait démontrée ; car s'il
existe entre ces deux fluides une somme de ressemblances, d'où il
semble que l'on peut conclure qu'ils sont le même, il existe aussi
une somme de différences qui s'oppose à cette conclusion. On
ignore encore le rapport du calorique avec la lumière et l'électricité, et celui du magnétisme avec l'attraction universelle : ces
fluides, qui jouent un très-grand rôle dans toutes les combinaisons chimiques, et sur-tout dans les machines vivantes, ne sont
que fort peu ou point accessibles à nos instrumens : quoique
doués d'une grande énergie, ils ne pèsent point, ils passent rapi-

Il est peu de faits et d'effets que l'on ne puisse rattacher à l'une des quatre forces précitées ; ce sont donc quatre points fixes dont il faut partir pour expliquer et analyser tous les événemens ou phénomènes de la nature. Ces causes premières de tout mouvement, de toute action, sont quatre grands faits généraux, au-delà desquels l'esprit aidé de l'observation ne sauroit remonter : il doit donc se borner à faire voir comment tous les faits du second ordre

dement à travers les corps par lesquels on voudroit les contenir ; enfin ils sont *insaisissables* et *presqu'immesurables* : d'ailleurs il est possible qu'il en existe encore plusieurs autres qui nous soient inconnus, et qui néanmoins jouent un fort grand rôle dans l'économie animale et végétale ; et voilà probablement ce qui nous empêche d'imiter la chimie de la nature dans ses productions : nous pouvons analyser ou plutôt *détruire* les animaux et les végétaux ; mais avec les élémens qu'ils produisent et par aucun mélange d'élémens connus, nous ne pouvons les reproduire ; ce qui prouve que les élémens que nous combinons pour arriver là, ne sont pas ceux que sait combiner la Nature, ou bien il nous en manque un certain nombre, ou nos manipulations ne peuvent atteindre à la délicatesse et à la précision des procédés naturels, ou enfin nos expériences sont trop peu suivies, et nos opérations sont de trop courte durée : nous n'avons pas, comme la Nature, à notre discrétion la *matière*, les *moules* ou *matrices*, *l'espace* et le *tems*. Quoi qu'il en soit, ne négligeons rien pour augmenter le nombre des élémens matériels.... Tout le monde connoît les grands progrès de la chimie, dus à la décomposition de l'air et de l'eau, à la faculté de recueillir et de peser tous les gaz ou fluides aériformes qui se dégagent dans les opérations chimiques ; et c'est en nous efforçant de nous rendre ainsi maîtres de tous les élémens et de tous les agens matériels, que nous parviendrons à imiter la Nature dans un plus grand nombre de ses productions, ou à embellir et à perfectionner les autres : car quoi que nous fassions, c'est à cela que nous serons toujours réduits.

en découlent , comment ceux du troisième découlent de ceux-ci , ceux du quatrième de ceux du troisième , et ainsi de suite , en montrant le fil caché qui lie par une chaîne suivie tous les faits (même les plus éloignés) au fait principal , et en les classant dans la série naturelle de leur génération ou de la communication des mouvemens qui les produisent.

L'histoire de la Nature présentée sous ce point de vue simple , analytique et vaste ; dégagée de toute idée fausse , de toute notion fabuleuse ou superstitieuse , d'assertions hasardées , en un mot de tout produit de l'imagination , de tout système non confirmé par l'expérience , seroit peut-être la plus belle production de l'esprit humain , comme elle doit être le but constant et le dernier terme de ses efforts.

———————

§. Ier.

SCIENCES PRIMITIVES

NAISSANTES DE LA DESCRIPTION DES CORPS

ET DE

LA CLASSIFICATION DES OBJETS ET DES FAITS.

Il résulte de ce qui précède qu'il n'y a , qu'il ne peut y avoir qu'une seule science réelle , *celle de la Nature* (consistant dans la description exacte *de la matière et de ses forces*) , et une seule histoire , *celle des corps célestes* errans dans l'espace (d'où l'on voit qu'à la rigueur , l'histoire du globe fait partie de l'histoire céleste , comme l'histoire de l'homme fait partie de celle du globe) : mais comme parmi tous ces grands corps , celui que nous habitons nous intéresse le plus , puisqu'il est le seul que nous puissions parcourir et étudier de près ; et comme parmi les espèces vivantes qu'il fait naître et qu'il nourrit , l'homme , par son organisation et ses facultés , se trouve occuper le premier rang ; nous sommes naturellement conduits à séparer l'histoire du globe de la grande histoire céleste , et notre propre histoire de celle des animaux , des végétaux , des minéraux , et autres substances composant le globe de la terre.

COSMOGRAPHIE.

Le premier pas que nous devons faire dans l'histoire de la Nature , est de former le tableau le plus exact et le plus complet des faits (ou l'analyse de cette vaste collection de sensations et d'idées qui , dans notre tête , n'est que l'image de l'*univers en action*) , résultant de la description et de la classification de tous les corps , de tous les mouvemens et de tous les phénomènes , et offrant l'histoire détaillée de chaque individu prise par les sens. C'est ainsi que par l'observation on a formé l'histoire du *soleil*, de *Mercure* , de *Vénus*, de la *terre*, de la *lune* , de *Mars*, de *Jupiter* , de *Saturne* , d'*Uranus* , enfin celle des planètes et de leurs satellites, celle des comètes et celle des étoiles ; et de cette première vue générale de l'univers est résultée une science assez bien nommée *cosmographie* ou *description de l'univers.*

GÉOGRAPHIE.

En considérant ensuite à part le globe de la terre, en s'occupant à le parcourir, à fixer sa forme par le degré de longitude et de latitude de tous ses points, à tracer le contour des terres et des mers, à fixer leur étendue, à nombrer les îles, les fleuves, les lacs, les montagnes, etc., enfin les productions de chaque contrée en hommes et en animaux, etc.; ce second coup-d'œil, dirigé sur le globe seulement, a donné naissance à la *géographie* ou *description de la terre* (1).

------

(1) Je prends ici dans le sens le plus étendu et le plus vrai ce terme dont la signification vulgaire exprime seulement ou les divisions naturelles des terres et des mers, ou les divisions de convention dues à l'homme, et désignées par les mots *Europe, Asie, Afrique, Amérique, France, Angleterre*, etc. Les premières divisions qui déterminent le nombre, la forme et l'étendue des terres, des mers, des îles, des lacs, des fleuves, des montagnes, etc., sont assez constantes ou peu variables; car l'action de l'océan, quoique susceptible de modifier puissamment la surface du globe, ne se fait sentir qu'à la longue, et les grandes catastrophes, capables d'amener des changemens brusques, sont assez rares : mais les autres divisions subordonnées aux passions des hommes, aux chances de la guerre, aux intérêts ou aux caprices de la politique, sont continuellement variables; et la force, les traités, les alliances, les révolutions, introduisent continuellement de nouvelles limites dans les états, mais heureusement sans pouvoir détruire ces bornes primitives, que la main de la Nature et du tems a élevées entre eux.

Mais

Mais la masse totale de ce grand corps étant formée de trois couches, l'une solide et formant le noyau du globe, la seconde liquide et composant l'*océan*, la troisième fluide et composant l'*atmosphère*, il résulte de là que la géographie se divise naturellement 1°. en science ou histoire de la terre ferme que je nomme *géologie*; 2°. en science ou histoire de l'eau qui reçoit le nom analogue d'*hydrologie*; 3°. en science ou histoire de l'air qui, par la même raison, s'appelle *aérologie*.

ZOOLOGIE.

Parmi les différens êtres que renferment les trois milieux précités, les uns doués d'une forme symétrique, d'un accroissement successif, de sensibilité et de mouvement spontané (ou de la faculté de se transporter d'un lieu à un autre), capables de s'assimiler et de convertir en leur propre substance d'autres corps relatifs à un système d'organes disposés pour cet effet, enfin de se perpétuer en transmettant la vie par les différentes voies de la génération (*vivipare*, *ovipare*, *gemmipare*); de la somme de ces corps l'on a fait *le règne animal* ou *les animaux*, dont l'histoire a reçu le nom de *zoologie*.

Cette science se divise à son tour en autant de branches que l'on a jugé à propos d'établir de classes parmi les êtres vivans. Ainsi, d'après la division actuellement adoptée du règne animal en *mammifères*, *oiseaux*, *reptiles*, *poissons*, *mollusques*, *insectes*, *vers*, *crustacés*, *zoophites*, on aura neuf

Tome III. B

divisions à chacune desquelles on peut, si l'on veut, attacher un mot nouveau, comme on l'a fait à quelques-unes : c'est ainsi que la science des oiseaux a été nommée *ornithologie*, celle des poissons *ichtyologie*, celle des insectes *insectologie*, etc. On sent combien il est aisé de former, d'après l'analogie, autant de dénominations semblables qu'on voudra, soit qu'on fasse dériver ces mots du grec, du latin ou du français (1).

La zoologie ou science des êtres vivans ne se borne pas à les classer, à les nommer, à les décrire ; elle les examine, les analyse et les compare dans tous les degrés de l'échelle animale, depuis l'homme jusqu'au polype, et les suit durant tout le cours de leur organisation ou de leur vie, dont elle se propose d'expliquer les divers phénomènes ; pour cela elle offre aux yeux leur anatomie comparée, elle expose la génération de leurs sensations, de leurs facultés et de leurs habitudes ; l'histoire de leur industrie, de leurs mœurs, de leurs sociétés et de leur éducation ; et

---

(1) Il seroit à desirer que toutes les dénominations pareilles fussent dérivées d'une même langue, par exemple, *du grec* ; car alors, tous ces termes liés entre eux par le fil d'une même origine, et, pour ainsi dire, enfans d'une même mère, conserveroient un air de famille qui introduiroit dans la nomenclature tout l'ensemble et toute l'analogie qu'on y peut desirer : mais cela n'est pas toujours possible ; car les Grecs, les Latins, etc., étant beaucoup moins instruits que nous en physique et en histoire naturelle, ne pourroient pas toujours nous fournir assez d'expressions, et pourtant il faut bien créer de nouveaux termes pour rendre de nouvelles idées.

cet ensemble d'observations peut se diviser en *ana-*
tomie, *physiologie*, *idéologie*, *morale*, *médecine*, *vé-*
térinaire, *manége*, *chasse*, *pêche*, etc.

BOTANIQUE.

En observant un autre assemblage d'êtres qui,
quoique sans mouvement spontané, quoique fixe-
ment attachés au même point du globe, avoient
une forme plus ou moins régulière, se dévelop-
poient dans l'air par leurs rameaux, leurs feuilles,
leurs fleurs et leurs fruits, comme ils s'étendoient
dans la terre par leurs racines, se nourrissoient
par la décomposition de l'air et des sucs terrestres,
à l'aide d'un système d'organes analogues à celui
des animaux les plus simples ou les moins parfaits,
et s'engendroient ou se reproduisoient par leur
graine ou leurs *boutures*, on a fait de la somme de
ces corps le *règne végétal* ou *les végétaux*, dont
l'histoire a pris le nom de *botanique.*

La botanique se propose 1º. de nommer convenablement; 2º. de décrire exactement tous les végétaux (*arbres*, *arbrisseaux* ou *arbustes*, *plantes*, etc.);
3º. de les classer, c'est-à-dire, de les ranger dans
l'ordre de leur plus grande ressemblance, en les
réunissant par *groupes* ou *familles* fixés par une dénomination commune à tous les individus qu'on y
fait entrer, de façon que toutes les fois qu'on rencontre un végétal, on soit à même de dire à quel
groupe ou classe il faut le rapporter, d'assigner à
l'aide de son nom la place qu'il occupe dans un dic-

tionnaire général des végétaux, et de s'instruire par sa
description ou son histoire détaillée, de tout ce que
l'observation a fait connoître sur sa forme (intérieure
et extérieure), sa culture, ses propriétés, ses usages, etc.; 4°. d'assigner les lois de la végétation par
une sorte d'anatomie et de physiologie végétale,
comme la zoologie avoit pour but de fixer celles de
l'animalisation par le tableau des organes de la sensibilité et le développement complet des phénomènes
de la vie. — *La botanique économique* s'occupe des
semis, des plantations, des défrichemens, etc., de
l'amélioration et de la multiplication des végétaux
utiles à l'homme ; elle comprend l'*agriculture* et le
jardinage, ces deux arts si précieux et si doux qui
nous offrent à-la-fois des alimens et des remèdes,
des fleurs et des fruits, une occupation agréable et
saine, des délassemens et des plaisirs.

MINERALOGIE.

Un troisième coup-d'œil jetté sur cet amas de
substances éparses à la surface du globe ou extraites
de la couche intérieure où l'homme a su pénétrer,
a fait appercevoir un système de corps qui, dépour-
vus à-la-fois de mouvement spontané, de sensibilité,
et d'accroissement régulier et successif, ne sembloient formés que par l'accumulation d'élémens
homogènes, ou de parties similaires simplement
ajoutées les unes aux autres, et ne paroissant obéir
qu'à la force générale de la pesanteur et à celle de
leur aggrégation, tandis que les deux grandes classes

d'objets précités, formés de parties hétérogènes, sont tout-à-la-fois soumis aux lois générales de la matière, et aux fonctions brillantes et compliquées de la végétation et de la vie, ou à un système particulier de forces résultant de leur propre mécanisme : de la somme de tous ces corps, privés en apparence de toute activité propre, on a fait le règne *minéral* ou les *minéraux*, dont l'histoire s'est appelée *minéralogie* (1).

----

(1) Voyez première partie, page 143, les principes d'une bonne classification et l'application de cette méthode 1o. dans toute la première section, offrant la division et la classification des sens, des sensations et des idées; 2o. dans le chapitre 3 de la seconde section, page 159, présentant celle de nos facultés intellectuelles ; 3o. dans les trois premiers chapitres de la troisième section, relatifs à l'invention et au classement des mots et de tous les signes représentatifs de nos idées.

Au reste, il est bon de ne pas oublier que toutes ces méthodes, servant à diviser et classer les objets naturels et nos connoissances, sont en partie arbitraires et l'ouvrage de l'homme qui les fait pour sa commodité; que par conséquent elles n'ont d'étendue que celle que nous leur donnons, et que l'analyse ne peut nous faire retrouver dans ces notions générales de genre, d'espèce, etc., que ce que nous y avons fait entrer, ce que nous y avons mis dans l'instant de leur formation. Ainsi, pour être sûr qu'une méthode de zoologie ou de botanique est complette, il faudroit être certain qu'elle peut s'étendre à tout le règne animal ou végétal, ou plutôt il faudroit deux choses : 1o. que la Nature eût, pour ainsi dire, écrit sur un certain nombre de ses productions : *ceci est un animal, ceci est un végétal*; or ce sont-là, comme on sait, des termes de notre composition (voyez tome premier, page 65, etc., et tome second, page 229, etc.) : 2o. il faudroit avoir une liste bien exacte des productions de la Nature en tout

La minéralogie comprend la *métallurgie* , qui traite des métaux en grand ; la *docimasie* , qui en traite en petit ; la *lithologie* , qui contient la description des pierres , l'histoire de leur formation , de leur situation à la surface ou dans l'intérieur du globe ; la *cristallographie* , qui offre l'analyse des cristaux et les lois régulières de leur formation ; et l'*oryctologie* , qui, s'occupant en général des *fossiles* , a beaucoup de rapport et plusieurs points de contact avec les sciences que je viens de nommer.

La *conchyliologie* ou l'histoire des coquillages semble appartenir d'un côté à la zoologie , car les objets dont elle s'occupe sont des dépouilles d'animaux , et de l'autre à la lithologie et à l'oryctologie, car ces dépouilles , dépourvues de sensibilité , font partie des terres et des pierres dans lesquelles elles sont pour l'ordinaire incrustées , ou restent enfouies

---

genre , et nous sommes loin encore de ce point-là. D'ailleurs comment prouver que le nombre des productions naturelles est invariable, et ne peut ni augmenter ni diminuer à la longue. Le tems, le hasard, les progrès de la physique expérimentale et de l'analyse chimique ne peuvent-ils pas nous découvrir de nouvelles substances , de nouveaux fluides , de nouveaux agens ? Concluons que l'univers et la Nature sont trop vastes pour que nous puissions nous flatter de les envelopper tout entiers dans nos filets , et qu'il y a toujours beaucoup d'imperfection dans ces classifications méthodiques, auxquelles l'immense étendue des élémens ou des produits de la Nature, et la foiblesse de notre vue, nous obligent d'avoir recours, mais qui doivent nécessairement recevoir de tems à autre des changemens analogues à ceux des forces *productives* et *variables* de la Nature et de l'esprit humain.

dans le sein de la terre , et alors sont dans la classe des fossiles (1).

MÉTÉOROLOGIE.

L'aspect journalier de ces phénomènes (*nuages , pluie , grêle , neige , tonnerre , arc-en-ciel ,* etc.) qui ont lieu dans l'immense laboratoire de l'atmosphère, méritoit de la part de l'homme une attention particulière , et le portoit naturellement à en rechercher les causes par une chaîne d'observations bien suivies , et l'on a nommé *météorologie* la science qui a pour but la solution de ce problême.

CHIMIE.

L'homme , après avoir décrit et classé tous les corps , après avoir observé la composition et la dé-

---

(1) Linné me paroît avoir fort bien caractérisé et distingué les trois règnes en disant : les *animaux sentent , vivent et croissent* ; les *végétaux vivent et croissent* ; les *minéraux croissent.*

On a voulu réduire ces trois grandes classes à deux, contenant, l'une les *corps organisés* , l'autre les *corps inorganiques* ; mais la première division me paroit de beaucoup préférable à celle-ci. En effet , tous les corps naturels ont une organisation qui leur est propre , résultant du nombre et de la qualité des élémens qui les composent , et de la somme des forces intérieures et extérieures auxquelles ces élémens sont soumis ; en un mot, toutes les parties de la matière sont organisées, mais nous venons de voir qu'il existe trois principaux degrés ou genres d'organisation, et de là les trois grandes vues par lesquelles nous embrassons toutes les substances terrestres.

composition spontanées de plusieurs substances naturelles, a voulu imiter, par des procédés artificiels,
cette double opération de la Nature ; et appelant à
son secours l'action puissante du calorique, etc.,
il a cherché de quels élémens primitifs étoient formés l'air, l'eau, les pierres, les métaux, les végétaux et les animaux ; il a séparé par *masses homogènes* cette foule de substances jettées çà et là ou en-
tassées confusément, et de l'ensemble desquelles résulte la masse entière du globe ; il a tiré du sein de
ce cahos et dégagé de leur envèloppe étrangère les
divers métaux (l'or, l'argent, le fer, le cuivre,
l'étain, le platine, etc.) ; les terres (la silice, la
chaux, l'alumine, la barite, la magnésie, etc.) ;
les alkalis (soude, potasse, ammoniac, etc.) ; il
a trouvé ou formé les acides minéraux, végétaux et
animaux ; et par la combinaison de ces premiers élémens dus partie à la Nature, partie à ses recherches,
il a donné naissance à une foule de nouvelles substances, qui sont les élémens ou les produits de cette
science qu'on nomme *chimie*, et qui résulte de la
solution plus ou moins complette de ce double problême : 1°. *séparer ou analyser avec précision tous les
élémens des substances naturelles ; 2°. les combiner
deux à deux, trois à trois, quatre à quatre, etc., en
un mot de toutes les manières possibles, et former un
tableau exact et général des produits nés de cette analyse et de ces combinaisons, pour en conclure ensuite
les lois de l'attraction élective ou chimique.*

PHYSIQUE GÉNÉRALE.

Enfin l'homme, après avoir décrit et classé toutes les parties du grand corps de l'univers, a voulu lier ensemble tous les faits qui résultent des mouvemens compliqués de cette vaste machine, et s'élever jusqu'à la recherche du système général des forces qui l'animent ; assigner les lois que suit la matière sur le globe et dans l'espace céleste ; celles des corps solides, liquides et fluides ; celles qui résultent de ces propriétés générales des corps (l'*étendue*, l'*impénétrabilité*, la *pesanteur*, l'*inertie*, etc.) ; celles que suivent la lumière, le calorique, l'électricité, le magnétisme, le galvanisme ; et de la solution de tous ces problêmes est résultée la vaste science nommée *physique générale*, divisée en *astronomie*, *optique*, *acoustique*, *hydraulique*, *mécanique*, etc., dont nous parlerons ci-après.

SCIENCE DE L'HOMME,

ET

SES DIVERSES BRANCHES.

La Nature ne faisant rien ou presque rien d'égal, on sent bien que parmi ces nombreuses familles d'animaux qui se partagent ou se disputent la surface du globe, il devoit s'en trouver une qui fût supérieure à toutes les autres par l'organisation, la sensibilité, l'intelligence, par le nombre de ses individus, leur réunion en grandes sociétés, et par la force qui résulte nécessairement, avec le tems, de ce nouvel avantage : il s'est trouvé que la grande famille humaine réunissoit toutes ces prérogatives ; et en conséquence, l'homme a été proclamé par lui-même le *roi des animaux*.

L'homme étant le plus sensible, le plus intelligent et le plus actif des êtres animés, celui qui joue le premier rôle sur le globe dont il occupe, parcourt, façonne et modifie à son gré la surface par la culture, la guerre, le commerce et les arts ; celui qui, par l'activité de son génie, autant que par l'étendue de ses besoins et de ses facultés, par la multiplicité, la violence et la mobilité de ses passions, est le plus constamment porté à imaginer, à créer et à détruire ; il est aussi de tous les animaux celui dont l'étude est la plus importante et la plus compliquée. — Pour le bien connoître, il faut l'observer sur tous les points du globe, le voir passer par tous les degrés de la civilisation, depuis le plus bas ou l'état d'homme sauvage, jusqu'au plus élevé (celui, par exemple, d'un Anglais ou d'un Français dont l'esprit a été le plus cultivé) : il faut l'étudier et le comparer dans tous les états, professions et conditions, dont l'assemblage forme ces grandes machines ou sociétés civilisées que nous offrent aujourd'hui les quatre grandes parties du globe (principalement l'Europe), et celles dont l'histoire nous a transmis le souvenir.

ANATOMIE.

1°. La première étude par laquelle il faut commencer est celle de l'individu. 1°. En cherchant dans l'homme

vivant ou mort à distinguer toutes les parties solides
et liquides (os, muscles, nerfs, veines, artères,
vaisseaux lymphatiques, glandes et organes secré-
toires, etc. ; lymphe, sang, bile, semence, suc gas-
trique, etc.), d'où résultent la construction et le
jeu de la machine humaine : cette analyse matérielle
donne lieu à la science purement descriptive nommée
anatomie (1).

PHYSIOLOGIE.

2°. En considérant l'action même de cette mécanique
dans l'état de vie, dans celui de maladie et de santé ;
en cherchant comment s'opère dans l'estomac la décomposition journalière des alimens, et la décomposition de l'air dans la poitrine, et comment cette
double opération entretient le mouvement ainsi que
le jeu et l'influence réciproque de toutes les parties ;
en se proposant de dresser le tableau des changemens que la différence des climats, des alimens et
des boissons, du régime, de l'eau, de l'air, de la

---

(1) En faisant la même chose pour tous les animaux, on a
l'anatomie comparée ; et en étendant cette méthode ou le
même système d'opérations aux végétaux, on a *l'anatomie et
la physique végétales*. Le même procédé appliqué aux cristaux et en général aux minéraux, complette *l'anatomie générale des trois règnes*.

La chimie, qui compose et décompose tous les corps, n'est
elle-même qu'une sorte d'anatomie : enfin ce mot est quelquefois
encore plus généralisé par l'application qu'on en fait aux grands
corps des sciences, des langues et des idées humaines.

lumière, du calorique, de l'électricité, etc. : en un mot, que l'action extérieure ou intérieure de tous les corps solides, liquides ou fluides, doit apporter dans le corps vivant et sensible comme dans le système de ses facultés ou celui des forces vitales, on donne naissance à la *physiologie*, qui n'est que *la physique expérimentale du corps humain*.

MEDECINE.

3°. En fixant, à l'aide des deux sciences précitées, ce qui constitue l'état maladif ou sain de notre corps ; en dressant l'état des dérangemens qu'on y observe, ou le nombre et la qualité des maladies et la liste de leurs remèdes (c'est-à-dire, d'un certain nombre de corps naturels ou artificiels qui, appliqués à l'intérieur et à l'extérieur de la machine vivante, peuvent y maintenir ou y rappeler le précieux état de *santé*), on s'élève par la solution de ce double problème à l'idée juste et vaste de la *médecine*, qui suppose, comme l'on voit, l'existence et le perfectionnement de presque toutes les sciences d'observation (l'anatomie, la physiologie, la botanique, la minéralogie, la chimie et la physique), ainsi que la connoissance parfaite de l'influence réciproque du physique sur le moral, et du moral sur le physique.

Il est clair, cela posé, que la médecine, telle qu'elle est, sera longtems encore très-éloignée de ce qu'elle peut être ou devenir un jour ; et cela n'est pas étonnant, car c'est la plus compliquée de toutes les sciences physiques : on peut même dire qu'elle les embrasse toutes, puisque l'homme a des rapports avec tout l'univers, et que c'est, à proprement parler, l'étude de ces rapports qui constitue le grand corps des sciences. Cependant de quelle immense accroissement elle devient tout-à-coup susceptible, en étendant l'art de guérir aux animaux et aux végétaux, et en fondant sur l'*anatomie et la physiologie comparées* de ces deux règnes de la Nature, une *médecine vétérinaire* et une *médecine végétale* : car les fonctions de la vie vont se perdre par des décroissemens et des nuances insensibles depuis l'homme jusqu'aux *zoophites* qui, ayant la propriété de digérer et de se reproduire par bouture comme les végétaux, ne sont plus, comme leur nom l'exprime, que de vrais *animaux-plantes*.

La médecine, envisagée sous différens points de vue ou par rapport aux principaux problêmes qu'elle cherche à résoudre, prend alors différens noms : ou elle s'occupe des moyens de préserver le corps humain des maladies et de le maintenir en santé, et alors s'appelle *hygienne*; ou elle l'envisage dans l'état malade et traite des causes, des symptômes et des différences des maladies, et se nomme *pathologie*; ou a pour objet les signes de la vie, de la santé et des maladies, et prend le nom de *seméiotique*; ou enseigne la pratique de l'art de guérir, et se sous-divise en *diète*, *pharmacie* et *chirurgie*, trois branches dont la réunion forme la *thérapeutique*.

IDÉOLOGIE.

4°. En remontant, comme je l'ai fait dans cet ou‑ vrage, à la génération des sensations, des idées, des sentimens, des habitudes et des facultés humaines ; en dressant un tableau exact de tous ces élémens, on jette les vrais fondemens d'une science qui a longtems porté le nom de *métaphysique*, et à la‑ quelle on a donné depuis celui d'*idéologie*.

Cette science est étroitement liée à une autre qui consiste dans l'expression analytique de nos idées, et des opérations de l'esprit sur elles, à l'aide d'un système de signes quelconques, et qui, offrant les fondemens généraux et l'analyse philosophique de toutes les langues, peut s'appeler *grammaire univer‑ selle*, laquelle se développe en autant de gram‑ maires partielles qu'il y a de langues connues jus‑ qu'à ce jour ; de là une *grammaire grecque*, une *grammaire latine*, une *grammaire française*, une *grammaire anglaise*, etc.

LOGIQUE.

5°. De la combinaison de ces deux sciences en ré‑ sulte une troisième qui a deux branches, 1°. l'art de raisonner et de penser ou de s'instruire soi-même ; 2°. l'art d'enseigner ou d'instruire les autres : c'est cette double science (fondée sur une bonne analyse de l'entendement humain et sur l'emploi d'une excel‑ lente méthode) ; que j'appelle *logique*.

EDUCATION.

6°. En triant ou choisissant parmi toutes les habitudes possibles du corps, de l'esprit et du cœur, celles qui (pour chaque condition) peuvent le plus contribuer au bonheur de l'individu et de ses semblables; en soumettant à des règles déduites des principes précédens, l'art de les former d'une manière prompte et sûre, ou donne naissance 1°. à la *gymnastique* ou science des habitudes du corps; 2°. à l'*instruction* ou science des habitudes de l'esprit; 3°. à la *morale élémentaire* ou science des habitudes du cœur : et ce ne sont-là que les trois branches d'une science unique que j'appelle *éducation*.

MORALE UNIVERSELLE.

7°. La *science des mœurs*, envisagée sous son point de vue le plus étendu, et comme embrassant l'humanité toute entière, comprend 1°. les *rapports de l'homme à l'homme*; 2°. les *rapports du citoyen au citoyen*; 3°. les *rapports réciproques des citoyens au Gouvernement* et *du Gouvernement aux citoyens*; 4°. les *rapports des Gouvernemens entre eux*; 5°. les *rapports des peuples entre eux* (on confond trop souvent ces deux derniers rapports qui pourtant sont très-distincts; car les Gouvernemens, quoique formant la première et principale partie des peuples, n'en forment pourtant qu'une partie assez petite); et de là résultent la morale de l'homme et du philosophe, celle du citoyen, celle du magistrat et du législateur, ou celle des Gouvernemens, celle des peu-

ples : de là aussi dérivent les droits et les devoirs
de tous les hommes , le droit public , le droit des
gens , etc. ; enfin cet *esprit des lois*, applicable à tous
les pays et à toutes les nations composant cette grande
et unique famille qu'on nomme le *genre humain*.

Toutes ces branches d'une même science supposent l'existence de cette morale élémentaire , fille
d'une bonne éducation , reposant sur une analyse
exacte de l'homme , consistant dans l'art de former
le cœur ou de diriger nos affections , nos passions
et nos facultés vers notre plus grand bonheur et
celui de la société dont nous sommes membres :
elles doivent toutes puiser leurs principes dans le
bon sens (cette lumière primitive qui éclaire tout
homme venant au monde) , ou dans la raison et la
justice ; avoir pour but d'adoucir le plus possible
les maux inséparables de l'humanité , en un mot
de faire le plus de bien et le moins de mal possible à notre misérable espèce. — La morale des
individus , des gouvernans et des peuples doit donc
toujours reposer sur cette base invariable : *il faut
être juste* , ou elle n'est plus qu'un beau masque
qui sert à couvrir l'abus de la force , le caprice et
les passions de quelques hommes , le machiavélisme , l'iniquité , le brigandage et le crime , en un
mot un mépris impudent de la raison , de la justice
et de la vertu.

LEGISLATION.

8°. En considérant une certaine masse d'hommes
réunis

nis sur une portion du globe, et se proposant la solution de ce problême, quelle est la meilleure manière de former, de diriger et de faire servir au plus grand bien-être de tous les forces physiques, intellectuelles et morales de chaque individu, ou de tirer de leur emploi le meilleur parti possible, en introduisant dans la société la plus grande somme de bonheur, on a l'idée fondamentale de la *législation*.

En s'occupant de connoître à fond et de comparer la population, l'agriculture, l'industrie, le commerce, les lois, et tout ce qui constitue les mœurs, les forces et la richesse des nations, on a l'idée de la plus vaste des sciences, l'*économie politique* (1) qui, supposée ce qu'elle doit être, n'est que l'art d'établir et de conserver, par de bonnes lois et de sages institutions, la sûreté, la tranquillité et la fortune des états, par le maintien d'un heureux équilibre dans leurs forces respectives, et par l'exacte et constante observation des règles générales de la justice

---

(1) Il faut se garder de la confondre avec la *politique*; « Espèce de morale (dit d'Alembert) d'un genre particulier et « supérieur, à laquelle les principes de la morale ordinaire ne « peuvent quelquefois s'accommoder qu'avec beaucoup de finesse, « et qui, pénétrant dans les ressorts principaux du gouverne- « ment des états, démêle ce qui peut les conserver, les affoi- « blir ou les détruire : étude peut-être la plus difficile de toutes, « par la connoissance profonde des peuples et des hommes qu'elle « exige, et par l'étendue et la variété des talens qu'elle suppose ; « sur-tout quand le politique ne veut point oublier que la loi na- « turelle, antérieure à toutes les conventions particulières, est « aussi la première loi des peuples, et que pour être homme « d'état, on ne doit point cesser d'être homme. »

Tome III.   C

entre les sociétés comme entre les individus qui les composent, et par l'exécution franche et réciproque de traités basés sur l'équité.

Nota. La médecine, la législation et l'économie politique embrassant, comme l'on voit, le système général des arts et des sciences physiques et morales, il est clair que la *science complette de l'homme*, qui se compose de tous ces élémens-là, renferme le système total et la complication de toutes nos connoissances; et c'est cette étendue, cette grande complication qui, retardant ses progrès, l'a jusqu'ici tenue si loin de la perfection : mais le moyen de l'en approcher est de s'occuper, avec une patience infatigable, du perfectionnement de chacune des sciences élémentaires dont elle se compose.

CHRONOLOGIE.

L'action continuelle et variable des forces agissantes sur toutes les parties de l'*univers*, donne journellement naissance à une série d'événemens et changemens, 1°. parmi les hommes réunis en société ; 2°. à la surface et dans l'intérieur du globe ; 3°. dans l'espace céleste : en dressant donc pour chacun des trois grands objets précités un tableau exact de tous les faits qui y sont relatifs, et correspondant à chaque révolution de la terre sur son axe, à chaque période lunaire, annuelle ou séculaire, on aura les trois grands élémens de l'histoire générale de la Nature, qui se divise comme d'elle-même en *histoire de*

*l'homme, histoire de la terre, histoire des corps cé-
lestes* (1).

L'art de ranger ainsi tous les faits historiques
dans l'ordre où le tems les développe et les fait naître, en les rapportant à cette mesure primitive et
fondamentale que nous offre le double mouvement
des astres, forme la science de la *chronologie*, qui
suppose, comme l'on voit, que l'on tienne un registre ou journal exact et suivi des rotations et révolutions du globe et des planètes, et se trouve
ainsi liée à l'astronomie qui lui sert de base, comme
l'histoire civile l'est à celle des localités ou à la géographie proprement dite, qui elle-même a, avec
l'étude du ciel et l'observation des astres, un rapport si direct et si immédiat, que si j'osois dans un
sujet aussi sérieux parler le langage des poètes, je
les nommerois volontiers toutes deux *filles* ou *sœurs
de l'astronomie*; car sans les astres, c'est-à-dire, des
points fixes et lumineux, placés dans l'espace à une
certaine distance du globe, il nous eût été impossible d'assigner ses mouvemens et sa forme, et de mesurer l'un et l'autre.

Nota. Nous n'avons pu trouver encore le moyen
de ramener tous les phénomènes naturels à un certain nombre très-limité de forces bien connues,

---

(1) Pour parler avec la plus grande précision il faudroit dire :
histoire de l'homme, histoire de la terre (moins celle de
l'homme), et *histoire des corps célestes* (moins celle de la
terre).

C 2

telles que la *pesanteur*, la *poussée verticale des flui-des*, le *choc des corps*, etc. Il reste donc une foule de faits inexplicables dans l'état actuel de nos connois-sances, ou que l'on ne sait à quelle force ou à quelle combinaison de forces connues il faut rapporter : on ignore les lois précises du calorique, de l'élec-tricité, du magnétisme et du galvanisme, etc. D'ailleurs la marche de la Nature n'est pas pour nous uniforme et constante ; elle nous offre ce que nous avons appelé des animaux et des végétaux *monstrueux* : il se passe dans l'air, dans les eaux, à l'extérieur et dans l'intérieur de la terre des faits dont on n'a pu rendre raison en montrant leur liaison avec les faits connus, et que pour cela l'on a nommés *prodiges*, mais que j'aimerois mieux nom-mer *faits isolés* et *produits irréguliers de la Nature*. Sans doute ces *prodiges* et ces *monstres* n'existeroient pas pour nous, si nous étions plus instruits et si nous pouvions embrasser d'une seule vue tout l'u-nivers, toute la science de la Nature, et nous ne les regardons comme tels que parce que nous n'a-vons pas d'assez bons yeux et des observations assez longues ou assez étendues. En attendant donc que l'avenir ait pu nous fournir de nouvelles lu-mières et les élémens ou les moyens d'une classifi-cation plus exacte et plus générale, on peut diviser l'*action totale de la Nature* en deux grandes parties, contenant l'une sa *marche uniforme et ses produits réguliers*, l'autre *ses écarts et ses produits irréguliers*. En détachant de l'histoire naturelle (qui comprend tout) celle de l'esprit humain, je diviserai de même

toutes ses productions en deux grandes classes offrant
1°. *les produits réguliers de la force pensante* ; 2°. *ses
produits irréguliers* : et c'est là-dessus que je fonde le
tableau encyclopédique ou *mappemonde philosophique
de nos connoissances* que l'on trouve placé à la fin de
ce chapitre.

---

§. I I.

SCIENCES MATHEMATIQUES

ET

PHYSICO-MATHEMATIQUES,

NAISSANTES

DE L'EXPRESSION ANALYTIQUE

DES

QUANTITÉS ET DES OPÉRATIONS DE L'ESPRIT

SUR

LA PORTION MESURABLE DE NOS IDÉES.

Parmi les propriétés et les forces de la matière,
il en est de communes à tous les corps, telles sont
l'*étendue*, le *mouvement*, la *durée*, la *pesanteur*, etc.

C 3

(Voyez tome premier, page 88 , le chapitre VI de
la première section). De l'ensemble de toutes ces
idées *abstraites* (ou détachées du faisceau général
des idées primitives) et formées d'élémens homogènes, on n'a fait qu'une seule notion plus abstraite
encore ; c'est celle de *quantité* représentative de
toutes les idées ou propriétés dont la génération
est uniforme , et résulte de l'accumulation d'élémens identiques , variables en plus et en moins
suivant une loi connue.

MATHEMATIQUES PURES.

Alors on a senti qu'une seule méthode de calcul
pouvoit suffire en même tems pour tous ces objets,
et l'on s'est proposé ce *triple problême :*

1°. Exprimer la génération et les combinaisons
de tous les nombres avec la plus petite quantité
possible de caractères ou signes de convention , d'où
l'*arithmétique* ou l'art de mesurer toutes sortes de
quantités et de rapports.

2°. Représenter toutes les combinaisons imaginables des *quantités* et les opérations de l'esprit sur
elles (addition, soustraction, multiplication, division , extraction des racines , formation des puissances , etc.) par les combinaisons analogues ou
semblables des signes de convention qui les représentent : d'où l'*algèbre* et toutes les *fonctions algébriques.*

3°. La solution de ce problême a conduit à celle
du suivant , ou , à l'aide des simples opérations de

l'algèbre, on a pu résoudre le problème suivant : *trouver ou assigner les changemens de toutes les fonctions algébriques formées de tant de quantités variables que l'on voudra et le rapport de ces changemens.* — Mais en considérant attentivement l'expression de ce rapport, on y a apperçu un cas particulier et frappant ; c'est celui où dans cette expression développée on suppose le changement des variables *nul* ou égal à *zéro.* Il résulte de cette supposition une nouvelle série de fonctions algébriques de la plus haute importance, et qui donne naissance à ce double problème : 1°. former le tableau général des *fonctions-limites* (1) ; 2°. ces fonctions étant données ,

---

(1) C'est le nom que je leur ai donné dans mon ouvrage (inédit) intitulé : *Analyse des langues mathématiques* ou *Nouveaux élémens d'arithmétique, d'algèbre, de calcul différentiel et intégral, de géométrie et de mécanique.* J'ai inventé de nouveaux signes pour exprimer, avec plus de précision et de clarté qu'on ne l'a fait jusqu'à ce jour, les élémens du calcul différentiel que je nomme *théorie directe des fonctions-limites,* et ceux du calcul intégral que j'appelle par analogie *théorie inverse des fonctions-limites* ; et l'on sent combien ces dénominations sont exactes, puisque ces deux branches ou méthodes de calcul dont il s'agit, n'ont et ne peuvent avoir pour but que *d'assigner la limite des rapports,* comme l'arithmétique a pour but de les évaluer, et l'algèbre de les exprimer généralement. En un mot, on ne mesure point, on ne calcule point l'infini. On ne mesure que *des quantités* et *des nombres,* et toutes les opérations de l'esprit se réduisent définitivement à indiquer ou à évaluer des rapports. *La théorie des infiniment grands* et *des infiniment petits* (prise à la lettre) est donc une chose réellement absurde , car, encore un coup, l'esprit humain ne peut opérer que sur des quantités et sur des nombres.

retrouver les fonctions primitives qui leur ont donné naissance. — *Nota.* On appelle vulgairement *calcul différentiel* la solution du premier problème, et *calcul intégral* celle du second : l'un et l'autre ne sont, comme l'on voit, qu'une branche du calcul algébrique ; mais la langue de ces calculs, nommés avec tant d'orgueil et si peu de justesse *analyse des infinis* (1), est mal faite dans presque tous les livres élémentaires (Lhopital,

---

Je n'ignore point que l'illustre Lagrange a (dans sa *théorie des fonctions analytiques*) réduit à de l'algèbre pure la langue des deux calculs précités ; mais cet ouvrage, quoique supérieur en son genre, comme tout ce qui sort de la plume de ce grand et modeste analyste, n'est à la portée que d'un petit nombre de lecteurs ; j'ai donc cru qu'un traité plus élémentaire pourroit servir d'introduction à la lecture du sien ; je m'estimerai trop heureux de pouvoir atteindre à ce but, et je demanderois volontiers pardon à ce grand géomètre d'avoir osé glaner encore quelques épis dans un champ qu'il a moissonné avec tant de gloire.

(1) C'est même l'expression dont se sert un de nos plus grands géomètres du dix-huitième siècle (le célèbre *Léonard Euler*) dans son ouvrage intitulé : *Introductio in analysim infinitorum.* C'est-là, selon moi, donner un bien mauvais titre à un si excellent ouvrage, dont on ne peut trop recommander la lecture à quiconque veut faire de grands et rapides progrès en géométrie : j'en ai fait il y a environ douze ans une traduction à laquelle je n'ai pas attaché assez d'importance pour la publier, mais qui m'a inspiré un goût très-vif pour l'analyse géométrique, et m'a donné l'idée de mon *Traité des langues mathématiques* existant dans mon porte-feuille depuis plusieurs années.

Ajoutons qu'il a paru en l'an 5 une fort bonne traduction française de ce bel ouvrage, par le C. Labey, mon ancien professeur à l'École du génie maritime, et maintenant professeur à l'École centrale du Panthéon, etc.

Bezout, Lacaille, etc.) ; elle renferme des obscurités , des contradictions et même quelques absurdités qui néanmoins n'empêchent pas les résultats
d'être rigoureusement exacts , parce qu'il y a une
compensation constante de paradoxes ou d'erreurs
en sens contraire.

En appliquant toutes ces méthodes de calcul à la
recherche et à l'expression générale des lois de l'étendue , on a eu la *géométrie* prise dans son sens
le plus exact et le plus vaste , et que l'on a ensuite
sous-divisée en *linéaire* , *superficielle* et *solide* ; en
élémentaire et *transcendante* , suivant la nature des
élémens soumis au calcul (lignes droites , lignes
courbes , plans rectilignes , plans curvilignes , surfaces planes , surfaces courbes , à simple et à double
courbure).

En les appliquant à la recherche et à l'expression
des lois générales du mouvement , on a fait naître
la *mécanique intellectuelle* qui se divise en deux parties , la *statique* ou science de l'équilibre des corps ,
et la *dynamique* ou science du mouvement actuel
des corps. Ce sont-là les *mathématiques pures.*

MATHÉMATIQUES MIXTES.

En appliquant ensuite le calcul, la géométrie et
la dynamique à tous les corps de la Nature (*solides,*
liquides , *fluides* , *durs* , *élastiques*) , aux planètes , à
la lumière , à l'eau , à l'air , etc. , il en est résulté :

1º. L'*astronomie physique* ou *mécanique céleste*, offrant l'analyse des forces agissantes sur notre sys- tême de monde et des mouvemens planétaires qui en sont la suite.

2º. L'*optique*, qui considère l'analyse et le mou- vement direct de la lumière.

3º. La *dioptrique*, qui l'examine et le calcule dans son passage d'un milieu dans un autre, et fixe le degré de *réfraction*.

4º. La *catoptrique*, qui considère la lumière mue et réfléchie dans un même milieu, d'où la science des miroirs plans et courbes, et la construction des lunettes et des télescopes.

5º. La *gnomonique* ou la science du mouvement des ombres projettées sur une surface quelconque.

6º. La *perspective* qui développe les lois de la *vision*, ainsi que l'art de représenter les corps sur une surface plane tels que l'œil les voit, ou dans leurs distances respectives (apparentes), et peut être considérée comme une branche de l'optique.

Les lois du mouvement, considérées dans l'air, donnent la *pneumatique*, qui s'occupe d'en mesurer la force ou d'en présenter l'analyse (d'où la cons- truction du baromètre, des pompes, etc.); l'*acous- tique*, qui le considère comme le véhicule du son, dont elle cherche à expliquer la génération et la marche ; d'où la construction des instrumens de musique, des cornets acoustiques, des porte-voix, etc.

Les lois du mouvement, considérées dans l'eau et autres liquides, donnent 1º. l'*hydrostatique* ou *science de l'équilibre des eaux*, et plus généralement des liquides et des fluides ; ; 2°. l'*hydraulique* ou science du mouvement et de la conduite des eaux ; 3°. l'*hydrodynamique*, qui considère les lois générales du mouvement des liquides et des fluides, comme la dynamique examine celles du mouvement des corps en général.

Nota. On a souvent confondu ces trois expressions qui ont un élément commun, mais dont le second élément, différent dans chacune d'elles, annonce aussi trois nuances distinctes dans leur signification (1).

On pourroit, en suivant l'analogie, distinguer encore l'*aérostatique* ou la science de l'équilibre de l'air et des fluides aériformes, et l'*aréodynamique* ou science du mouvement réel de l'air et des autres

---

(1) Il en est de même des mots analogues *hydrologie*, *hydrographie*, *cosmologie*, *cosmographie*, etc. On est sujet à les confondre ; mais ils diffèrent en ce que les premiers terminés en *logie*, ont un sens beaucoup plus étendu que ceux terminés en *graphie* : ces derniers sont renfermés dans les autres. Ainsi l'*hydrographie* ou description des eaux est contenue dans l'*hydrologie* ou science générale des eaux ; de même et par la même raison la *cosmographie* ou description de l'univers est renfermée dans la *cosmologie* ou science générale de l'univers, et la *géographie proprement dite* ou description des continens, est comprise dans la *géologie* ou science générale de la terre ferme : ce mot *logie* annonce un discours général sur un sujet sur lequel on se propose tous les problèmes possibles : cette terminaison *graphie* annonce toujours la description ou l'histoire positive d'un objet ou d'un système d'objets, et la solution d'un problème particulier. Cette note peut aussi s'appliquer à la page 15 de ce tome.

fluides élastiques : cette distinction me semble même
nécessaire , car les lois du mouvement sont différentes pour les *solides*, les *liquides* et les *fluides*.
Malheureusement on n'a pu trouver encore la véritable théorie mécanique de ces deux dernières classes
de corps : on n'a pu assigner des formules algébriques qui fussent l'expression rigoureuse des faits ,
et la mesure exacte de la résistance qu'éprouvent
les corps solides mus dans les liquides et les fluides,
ou celle qu'éprouvent ceux-ci mus à la rencontre
des corps solides ; et de là un grand et peut-être
un invincible obstacle au dernier perfectionnement
de la science navale.

Quoi qu'il en soit, de la connoissance des lois du
mouvement des corps dans l'air et dans l'eau résulte l'art de construire et de manœuvrer les vaisseaux ou bâtimens de guerre et de commerce ; d'où
architecture, *manœuvre* et *tactique* (*navales*) , et *navigation*.

Les lois du mouvement et de l'équilibre , considérées dans l'écoulement et la pression des eaux
sur des corps solides , dans la liaison ou le mutuel
engrenage et la pression des pierres et des terres , etc.
(dans la construction des canaux , des digues et des
voûtes) , donnent naissance à l'*architecture hydraulique* , *civile* et *militaire*.

La *balistique*, et plus généralement l'art de lancer
ou de projetter les corps (bombes , boulets , balles ,
fusées , etc.) à la surface du globe , forme à-la-fois
un des élémens de la mécanique et de l'*art militaire*;
cet art sublime et funeste , peut-être d'une nécessité

malheureuse , et qui sacrifie une partie de l'espèce
humaine à la conservation du reste : il comprend
l'art de fortifier les places ; celui de les attaquer et
de les défendre ; celui de camper, de former et de faire
évoluer l'infanterie, la cavalerie, l'artillerie, etc.

Nota. L'on peut appeler *arts physico - mathématiques* toutes ces sciences pratiques résultantes de l'u-
nion de la mécanique , de la physique et du calcul.

§. I I I.

ARTS MECANIQUES.

Les sciences dont je viens d'offrir le tableau forment sans doute la plus étendue et la plus brillante portion des travaux de l'esprit humain , mais
elles n'en sont pas la première. Cet arbre , dont le
tronc se divise en tant de branches , a sa racine dans
les arts mécaniques , *première physique expérimentale
de l'homme.*

En effet , ses travaux et ses découvertes ont eu
lieu dans l'ordre de ses besoins , dont les premiers
et les plus pressans sont ceux de se nourrir , de
se vêtir , de se loger, de se défendre contre les animaux et tous les objets extérieurs dont l'action est
nuisible. La *chasse,* la *pêche,* l'*agriculture,* etc. ,
l'invention des armes et des instrumens relatifs à
chacun de ces arts naissans , l'art de se construire
une cabane avec de la terre et du bois , de se com-

poser des vêtemens avec des peaux de bêtes ou quelques étoffes grossières, avec l'écorce des végétaux, etc.;
l'invention et l'emploi de quelques termes formant
le premier élément d'un langage, voilà donc ce
qu'ont dû être d'abord et par-tout la première occupation et les premiers talens de l'homme, ainsi
que le premier degré de civilisation.

Dans l'origine des sociétés, le nombre des besoins
étant très-borné, celui des arts destinés à les satisfaire a dû l'être. Chacun d'eux a commencé par
être simple et grossier : et presque tous n'ont été
d'abord que des arts mécaniques, car l'homme a
longtems exercé ses mains sur la matière avant
d'exercer son cerveau sur les idées; (l'on peut même
dire que celui-ci a été le disciple ou le singe de la main
et de tous les sens, car il existe une grande analogie
entre la manière dont la main assemble et combine les
corps ou élémens matériels et celle dont la tête assemble et combine les idées). Mais le desir du
mieux, ou ce besoin général de varier, de perfectionner et d'accroître ses connoissances et ses plaisirs, et de diminuer ses peines ; ce besoin, ressort
primitif et premier principe de notre activité, l'ont
forcé d'observer, d'expérimenter, d'inventer, etc. :
en regardant avec plus d'attention, il a appris à
mieux voir, comme en faisant, il a appris à mieux
faire, et les arts primitifs dont je viens de parler se
sont perfectionnés : on a eu des armes et des instrumens plus maniables, plus solides, plus brillantes,
d'un effet plus sûr, plus prompt ou plus éloigné;
des cabanes ou maisons plus commodes, plus du-

rables, plus saines et plus agréables ; l'on a fabriqué des étoffes et des vêtemens qui joignoient à un certain éclat, à une plus grande élégance dans les formes, l'avantage de mieux garantir du froid, de la pluie et de toutes les injures du tems. La découverte de nouveaux corps et de nouvelles propriétés offertes par un heureux hasard et saisies avidement par l'homme attentif à profiter de tout ce qui pouvoit améliorer son sort, la réunion des peuplades en grandes sociétés, la multiplication des observateurs et des expériences ainsi que des lumières qui en ont été la suite, enfin le mélange et les secours réciproques de tous les faits et de tous les arts connus ont fait naître de nouveaux arts et de nouvelles sciences. En étendant et généralisant beaucoup de faits, les pratiques sont devenues des théories ou les ont fait naître ; l'habitude de classer les corps, les faits et les idées a peu-à-peu donné lieu à des nomenclatures plus exactes ou plus raisonnables ; les méthodes ont été plus simples et plus régulières ; et le domaine de la spéculation s'aggrandissant continuellement, il en est résulté la vraie philosophie et la vraie métaphysique (1), ou l'analyse universelle embrassant les *sciences*, les *arts mécaniques*, les *beaux arts* et les *belles-lettres*, c'est-à-dire, le *globe entier* des connoissances humaines.

Mais n'oublions jamais que ces quatre grandes

----

(2) Voyez la notion exacte que j'ai attachée à ces deux mots dans mon discours préliminaire, page 20, tome premier.

classifications et dénominations générales , propres
à renfermer sous quatre grands points de vue le
système général des idées et des faits , n'établissent
pas pour cela une ligne précise de démarcation ,
et encore moins une *ligne d'opposition* entre aucune des branches de nos connoissances , qui toutes
rentrent les unes dans les autres , ont entre elles
nombre de points de contact et d'élémens communs,
lesquels constituent cette unité systématique qui
fait correspondre le grand corps des sciences avec le
système de nos facultés ; que les sciences abstraites
ne sont que des *arts intellectuels* et les *arts mécaniques des sciences pratiques.* Une partie des sciences
(la physique expérimentale , l'astronomie pratique ,
la chimie , la médecine , la chirurgie , etc.) n'existe
en quelque sorte que par les secours qu'elle a reçus
et reçoit journellement des arts ; et c'est ce rapport
intime qui fait que souvent l'on ne sait si l'on doit donner à certains arts le nom de sciences , ou certaines
sciences le nom d'arts. Cet embarras est tout naturel ,
car il y a de l'art dans toutes les sciences et de la
science dans tous les arts , puisque les uns et les autres résultent à-la-fois des opérations régulières de
la tête et de la main. Ainsi donc qu'une nomenclature imaginée pour la commodité de l'esprit et
la nécessité de classer ses productions , pour les
mieux juger , les perfectionner et les accroître , ne
nous fasse jamais oublier la relation étroite et l'espèce de parenté qui lie entre eux toutes les sciences
et tous les arts.

Rien de plus important que l'étude des arts ,
dont

dont le nombre déja très-grand, dépend de celui des corps qui nous sont connus ou qui peuvent l'être , et de là la manière de les mettre en œuvre. C'est ainsi que de la découverte, du travail et de l'emploi de l'or et de l'argent sont résultés les arts du *monnoyeur* , *batteur d'or* , *fileur d'or*, *orfèvre* , etc. ; de la découverte, du travail et de l'emploi du *fer*, les arts du *forgeron* , *taillandier* , *serrurier* , *armurier* , etc. ; de la découverte , du travail et de l'emploi du *verre*, les arts du *verrier*, du *glacier*, du *miroitier*, du *lunetier*, du *vitrier* , et ainsi de tous les autres , dont le nombre doit aller en augmentant de jour en jour par les progrès de l'agriculture , de l'industrie et du commerce.

La réunion des arts composant l'*industrie humaine* ou l'*action de l'homme sur la matière* , donne journellement naissance à une foule de productions destinées à satisfaire les besoins toujours renaissans et toujours croissans des individus et des sociétés. Mais comme chaque peuple a ses productions naturelles , dépendantes de la nature du sol qu'il habite et de l'état de l'agriculture , il a aussi ses productions artificielles et son genre particulier d'industrie. Si chaque peuple restoit isolé sur la portion du globe qu'il occupe , et se contentoit d'y consommer les produits du sol et des manufactures qui y sont appropriées , il arriveroit que souvent il auroit trop de denrées d'une certaine qualité et trop peu d'une autre ; d'ailleurs , n'en ayant que d'une certaine espèce , il n'auroit pas tous les moyens possibles de flatter ses goûts , et de varier ses com-

modités et ses plaisirs : l'homme civilisé et indus-
trieux n'a donc pas tardé à s'appercevoir qu'en
échangeant le superflu des objets qu'il avoit contre
ceux qui lui manquoient , il avoit un puissant
moyen d'augmenter ses richesses et ses jouissances;
il s'est donc empressé de le mettre à profit , et le
commerce (qui roule sur ces trois grands objets ,
matière première , main-d'œuvre , transport) a pris
naissance.

On s'est borné d'abord à des échanges individuels , puis il s'est établi dans chaque bourgade ,
dans chaque canton , dans chaque ville , un ren-
dez-vous commun , où , à des jours convenus ,
nommés *jours de marché* , l'on faisoit transporter
dans un lieu *ad hoc* le superflu du produit de l'a-
griculture et de l'industrie ; alors chacun pouvoit
troquer un objet qui lui étoit inutile ou peu avantageux contre un autre dont il avoit besoin ou qui lui
sembloit préférable. L'on a bientôt senti que pour
ne pas faire de dupe et ne pas l'être soi-même , il
falloit établir des mesures exactes de capacité et de
poids , et substituer une évaluation rigoureuse aux
jugemens approximatifs et souvent erronés de l'œil
et de la main ; on l'a donc fait , et les échanges ont
pris plus de facilité et de régularité , parce qu'étant
à même de diviser chaque espèce de denrée en portions plus petites , on pouvoit aussi mieux les comparer et tomber plus aisément d'accord. — La portion de denrée que l'on donnoit en place d'une autre ,
en a d'abord été le *prix naturel* , comme sa *vraie
valeur* consiste dans le besoin que l'on a de ce qu'on

achète (deux choses qu'il faut bien se garder de
confondre), et tout homme qui avoit un échange à
faire étoit à-la-fois *vendeur* et *acheteur* : mais l'on
n'a pas encore tardé à s'appercevoir combien il seroit avantageux d'avoir une mesure uniforme pour
comparer exactement et promptement le prix de
toutes sortes d'objets : l'on a donc fixé dans chaque
pays une *unité de prix* , et pour la rendre sensible
au peuple on a frappé les *monnoies* , c'est-à-dire, de
petites pièces d'or , d'argent, de cuivre, etc. , d'une
forme et d'un poids déterminés , sur lesquelles on a
gravé le nom du souverain ou du magistrat suprême
de l'état , afin d'inspirer au public cette juste confiance sans laquelle leur circulation n'auroit pu
s'établir. Enfin on a su simplifier encore davantage
et rendre plus rapide cette circulation par le moyen
des *lettres-de-change* et des *papiers de banque* , qui
n'ont point par eux-mêmes de valeur comme l'or ,
l'argent, etc. , mais qui sont comme eux des signes
très-commodes et très-abrégés des richesses , et dont
l'usage est tout-à-la-fois propre à économiser les frais
du transport des monnoies , et à donner une nouvelle activité au commerce. Enfin après avoir inventé les monnoies , tracé des routes , creusé des
canaux , ou rendu navigables ceux que la Nature
et le tems ont creusés dans chaque pays (*fleuves* ,
rivières , ruisseaux) ; après avoir construit des voi-
tures , des bateaux et des navires de toute forme et
de toute grandeur , l'on a songé à imprimer un
mouvement régulier à la grande *machine commer-*
ciale , résultante de tous les élémens précités ; on a

donc fait des réglemens , des lois , des traités relatifs à la navigation , au commerce , comme on en
avoit sur les autres parties de l'administration de
l'état ; et c'est alors que les relations des différentes
parties d'un même peuple , et les relations de tous
les peuples entre eux , facilitées , aggrandies et ré-
gularisées , n'ont plus fait du globe qu'un seul pays ,
du genre humain qu'une grande nation , et de l'ensemble des productions agricoles et industrielles la
richesse commune de tous les peuples.

------

§. I V.

B E A U X   A R T S

E T

B E L L E S - L E T T R E S.

Nota. Le système général de nos connoissances cor-
respond exactement au système de nos facultés (intellectuelles et mécaniques) : or toutes les opérations de
la main et de la tête consistent 1°. à *classer, décrire,
rapprocher, combiner* et *imiter* les corps ; 2°. ou à *classer,
comparer, analyser, combiner* ses idées , en les exprimant par un système de signes composant un langage soumis , dans sa formation , aux mêmes lois
que nos idées. (Voyez la première partie de cet ouvrage , où j'ai développé l'artifice du langage avec
la génération des idées et démontré l'influence des

signes sur leur formation , etc.). — De la somme
des opérations et des facultés du cerveau résultent
les *sciences spéculatives*, qui ne sont que des *arts
intellectuels* (l'art de penser , de raisonner , etc.) :
de la somme des opérations et des facultés de la
main et des autres sens résultent les *arts mécaniques*,
qui ne sont que des *sciences-pratiques*.

De l'ensemble des arts , on a jugé convenable de
détacher et de distinguer , sous le nom de *beaux arts*
ou *arts libéraux*, les suivans : le *dessin*, la *peinture*,
la *gravure*, la *sculpture*, la *musique* et la *poésie*, etc., lesquels ont pour but de copier ou d'imiter la Nature
en l'embellissant. Ces arts ont sans doute été ainsi
appelés , parce qu'ils sont la source la plus noble
et la plus étendue de nos plaisirs , et l'occupation ou
l'amusement des hommes riches et libres, parce que
d'ailleurs ils participent plus que la plupart des autres au travail de l'esprit : mais il est évident qu'ils sont
aussi arts mécaniques , puisque sans les opérations
de la main la plupart d'entre eux n'existeroient pas ;
d'ailleurs ce sont les métiers et les manufactures qui
fournissent aux beaux arts les moyens de s'exercer et
de briller à nos yeux (des *crayons*, des *couleurs*, des
outils, des *instrumens*, etc.) : on entrevoit donc dans
cette dénomination la trace d'un vieux préjugé ; car,
dans le fait, tous les arts ont chacun leur degré
de difficulté , de bonté et de beauté, et ceux-là
sont toujours assez *beaux* qui sont les plus utiles à
l'homme (1). Pourquoi, par exemple, n'a-t-on pas

(1) Les Hollandais ont élevé une statue à celui de leurs com-

nis au rang des beaux arts l'architecture navale ,
ce mélange sublime des sciences exactes et des arts
mécaniques, tandis qu'on y a placé l'architecture
civile , qui présente bien moins de difficulté et de
complication , et qui suppose aussi beaucoup moins
de connoissances mathématiques et physiques, auxquelles la première sait encore allier les beaux arts par
les ornemens dont elle décore ces citadelles flottantes
qui font le destin des états ? On a vu que j'ai placé
l'une et l'autre dans la classe des arts *physico-mathé-
matiques* ou *sciences-pratiques.*

DESSIN.

Le *dessin* rend avec précision, par des figures
semblables (égales , plus petites ou plus grandes),
les contours des objets réels ou imaginés, la forme
et le détail de toutes les parties , ainsi que les effets
de la lumière et de l'ombre , et par là montre à
l'œil trompé par les prodiges de cet art, des corps
solides sur une surface plane.

PEINTURE.

La *peinture* est le dessin exact et colorié des ob-

---

patriotes qui leur a enseigné l'art d'encaquer les harengs , et ils
ont eu raison de le faire ; car cet art, tout simple qu'il est, a
beaucoup contribué à enrichir cette nation. Par la même raison , Cérès, Triptolème , Bacchus , Hercule , ont eu des autels
et des temples dans l'antiquité.

jets ; elle renferme , comme on voit , un élément
de plus que le dessin : c'est le *coloris* ou l'art de
mêler et de fondre si bien ensemble les couleurs ,
que leur mélange représente parfaitement la Nature ou les effets combinés de la lumière , de l'ombre , et des sept couleurs primitives sur les objets
qui sont le sujet de ses tableaux. Par là elle rend
comme le dessin , et avec plus de succès encore
que celui-ci , toutes les formes, les attitudes et les
passions du corps humain , et de tous les corps vivans : elle nous offre à-la-fois les traits des grands
hommes , les principaux événemens de l'histoire ,
et les grands phénomènes de la Nature , dont elle
retrace à nos yeux les trois règnes. Tantôt elle
peint les fleurs , les fruits , les prés , les bois , les
montagnes et les mers. Tantôt elle s'élève de l'hum-
ble chaumière jusqu'au palais des rois ; elle nous
offre à-la-fois des hameaux , des villages et des villes,
des ports de mer et l'intérieur des terres ; et mariant
adroitement tous ces élémens , elle en forme l'immense variété des paysages , souvent plus riches et
plus délicieux, à bien des égards , que ceux que nous
offre la surface du globe , parce que l'imagination
qui les crée a le pouvoir de choisir et de combiner
tous les élémens qui nous flattent le plus en écartant ce qui pourroit nous déplaire , chose que ne
peut faire la Nature , qui ne nous les présente
qu'isolés et semés çà et là à de grandes distances.

D 4

GRAVURE.

La *gravure*, que l'on pourroit appeler la *copie
du dessin et de la peinture*, produit à-peu-près les
mêmes effets que le crayon et le pinceau, au moyen
de lignes creusées avec un burin (ou autrement)
sur un plan ou planche, que l'on enduit d'une
substance colorée qui, pouvant s'appliquer sur le
papier, sur la toile, ou toute autre substance pré-
parée et disposée convenablement, imprime d'un
seul coup une figure ou un tableau quelque composé qu'il soit.

L'art de tracer de la même manière, ou d'une
façon analogue, toutes sortes de figures de convention ou caractères alphabétiques, ainsi que les combinaisons imaginables qu'on en peut faire, et auquel
on a donné le nom d'*imprimerie*, pourroit donc être
regardé comme une branche très-simple de l'art de
la gravure, qui alors ne seroit plus elle-même que
l'art d'imprimer considéré sous le point de vue le
plus étendu.

SCULPTURE.

La *sculpture* se propose de rendre avec vérité la
forme extérieure et palpable de tous les corps existans ou imaginés, au moyen des opérations de
l'œil, de la main et du ciseau sur le marbre, la
pierre, le bois, l'or, l'argent, etc. ; elle a principalement en vue d'offrir le corps humain sous les

proportions les plus belles, et dans toutes les attitudes qu'il peut prendre, et d'exprimer les passions
ainsi que le dessin et la peinture.

C'est à cet art qu'il faut rapporter celui de couler
en fonte le plâtre, le bronze, l'or, l'argent, etc. ;
art qui, pouvant multiplier à volonté les copies
d'une belle statue, est à la sculpture ce que la gravure est au dessin et à la peinture.

POÉSIE.

La *poésie* est l'art de rendre par des signes de
convention (composant l'ensemble des langues
écrites et parlées) la forme, la couleur, l'attitude,
le mouvement et l'action de tous les corps naturels et des êtres imaginaires auxquels l'homme aime
à supposer ou à prêter, avec le sentiment et la vie,
sa forme et ses traits, ses passions, ses vertus et ses
vices.

La poésie n'est donc qu'une *peinture générale de
l'univers et de la Nature à l'aide des mots :* rien
n'échappe à la puissance de cette brillante fille de
l'imagination ; le passé, le présent et l'avenir sont
également de son ressort ; elle peint à-la-fois l'homme
et les animaux, les arbres et les plantes, les fleurs
et les fruits, les insectes et les astres, en un mot
tout ce qui se passe ou peut se passer à la surface
et dans l'intérieur du globe, sous les eaux, dans
les airs et dans l'espace céleste : elle anime à-la-fois
et embellit tout ; par elle les passions, les vertus,
les vices et autres notions abstraites personnifiées

deviennent sensibles ou sont mises à la portée du
grossier vulgaire : elle enfante à-la-fois les dieux et
les déesses, l'enfer et l'élysée, les anges et les démons ; par elle enfin tout le globe est rempli de
divinités habitant les prairies, les bois, les montagnes, les fontaines, les fleuves et les mers.

Elle fait tout ce que font le dessin, la peinture,
la sculpture, et fait de plus ce qu'ils ne sauroient
faire, en retraçant à l'esprit une suite de faits et
d'événemens, ou une histoire suivie (héroïque, tra-
gique, comique, etc.), tandis que les autres arts
ne peuvent représenter à-la-fois qu'une attitude,
une passion, un sentiment ou un seul trait d'histoire ; mais elle est privée d'un avantage qu'ont
ceux-ci, celui de parler en même tems aux sens et
à l'esprit, au lieu que la poésie suppose qu'on a
déja pris par les sens l'idée nette de chacun des
objets ou matériaux qu'elle emploie : enfin elle suppose une exacte liaison des signes avec les idées,
puisque ce n'est qu'avec le secours de ces signes
de convention qu'elle montre les choses. Au reste,
en même tems qu'elle retrace au cerveau une foule
d'images, elle sait aussi parler à l'oreille par la mesure et la rime, ainsi que par l'emploi d'expressions
sonores et pittoresques : on peut dire que *la poésie
est une peinture universelle*, comme *la peinture*, *la
sculpture et la musique sont une poésie particulière*.

MUSIQUE.

La *musique*, par la suite et le mélange des sons

et des accords, par la variété de ses mouvemens et de
ses tons mesurés, tour-à-tour doux et bruyans, rapides et légers, lents ou précipités, exprime ou peint,
tantôt le calme ou le désordre de la Nature (le souffle
des zéphirs, le lever du soleil ou la naissance de l'au-
rore, le bruit des vagues et des vents, etc.), tantôt les
agitations de l'ame, et le tumulte des passions ou le
charme des sentimens agréables (la haine et la fureur, la crainte et l'espérance, la tristesse et la joie,
l'inquiétude, les regrets, les remords, etc.); tantôt
les charmes d'un beau jour, les douceurs d'une vie
tranquille, les danses des bergers et des amans, l'éclat
d'une pompe triomphale, l'auguste majesté d'un
hymne à la Nature, ou les tristes accens d'une pompe
funèbre; tantôt les approches de l'orage, le bruit du
tonnerre, le sifflement des vents, le mugissement
des mers, la tempête et le naufrage.

De même qu'il existe dans la poésie une partie
musicale et pittoresque, dépendante de la construction primitive du langage qu'on y emploie, il
y a aussi dans la musique une partie poétique par
la propriété commune de peindre le mouvement et
toutes ses variations.

Tous ces arts, destinés à nous plaire par la beauté,
la grandeur, la gentillesse et la variété des images,
ont en même tems l'avantage de former une sorte
de langage naturel, consacré à l'expression des idées
et des passions, et qui forme, avec les sons, figures
ou mouvemens de convention, l'expression complette de la pensée.

Un des premiers élémens de cette expression gé-

nérale sont les mouvemens du corps humain qui,
par suite de l'organisation, se trouvent être l'expression primitive du plaisir et de la douleur, de
la joie et de la tristesse, de la haine et de l'amour,
de l'espérance et de la crainte, etc. ; en un mot de
tous nos sentimens et affections morales, d'où résulte le *langage d'action*.

Il comprend la *voix*, l'*attitude*, le *geste* et la
danse, qui n'est qu'une combinaison des mouvemens de toutes les parties du corps, plus ou moins
variée et assujettie à la mesure.

La voix et le geste combinés produisent la *déclamation*. Le geste et la danse (joints d'ordinaire
à la musique instrumentale) produisent la *pantomime*.

ÉLOQUENCE.

L'*éloquence* résulte de l'action combinée de la
parole, du geste et du langage, considérés comme
une triple expression de nos pensées et de nos passions. Son but est de les faire naître, de les enflammer ou de les diriger, et d'amener les hommes à ses
fins, en employant ce genre de puissance qui résulte de l'ensemble des moyens précités, et que je
nomme *persuasion*. Pour y parvenir, elle emploie
tour-à-tour les armes de la raison, du sentiment et
de l'imagination ; elle caresse à-la-fois les lumières
et les préjugés, les vertus et les vices ; elle ne se
pique pas toujours d'être vraie : peu lui importe
pourvu qu'elle réussisse. Maniée avec avantage par

tout le monde et dans tous les états, elle est sur-
tout utile aux hommes en place, aux magistrats,
aux ministres, aux rois; elle est familière et naturelle aux courtisans, aux amans, aux flatteurs et
aux intrigans de tout sexe et de tout nom, enfin
aux charlatans de tous les pays et de tous les siècles.
Ce genre d'éloquence est peu connu du vrai philosophe, qui se nourrit habituellement de vérité et ne
se pique guère que de simplicité et de franchise.

La vraie éloquence n'est ou ne devroit être que
l'art de mêler adroitement, et avec économie, les
charmes de l'imagination et des comparaisons poétiques à la force victorieuse du raisonnement, en
un mot l'*art d'embellir la vérité*. Les productions de
l'éloquence, transmises par la voie de l'impression,
perdent ordinairement une grande partie de leur
force, parce que dégagées de ce prestige de la déclamation qui séduit les cœurs, exalte et entraîne
les esprits, en leur ôtant pour ainsi dire la réflexion, elles laissent voir à nu les erreurs et les
mauvais raisonnemens qui ne peuvent plus se déro-
ber à une froide analyse peu compatible avec l'enthousiasme que l'orateur cherche à produire sur les
auditeurs.

L'homme, qui a pu exprimer toutes ses idées par
la combinaison d'un petit nombre de sons et de
figures (ou caractères), peut parvenir au même
but, 1°. par un nombre limité de mouvemens de
convention de diverses parties du corps ; car il a
dans ses doigts, dans ses bras, dans ses jambes, etc.
un alphabet toujours subsistant dont il peut tirer

un grand parti lorsqu'il ne peut plus employer le
bel organe de la voix , et cet avantage peut remédier au malheur qu'il a par fois de naître sourd et
muet ou de le devenir par accident ; 2°. par des
mouvemens mécaniques formant un alphabet artificiel , et de là les signaux de terre et de mer , le
télégraphe , l'optilogue , etc. , en un mot tout appa-
reil propre à transmettre la pensée à de grandes
distances. (Voyez première partie , pag. 351 , etc.).

LES BELLES LETTRES.

Les *belles lettres*, détachées de l'ensemble des beaux
arts , sont sur - tout relatives à la faculté générale
d'exprimer nos pensées : elles s'occupent plus encore
des langues que des idées , et des images que des
rapports : on pourroit les définir *l'art de bien écrire
en prose et en vers dans tous les genres* (histoire ,
roman , poème épique , tragédie , comédie) ; elles
roulent particulièrement sur la grammaire , l'éloquence , la poésie et l'archœologie (ou science des
inscriptions et des monumens antiques).

§. V.

VRAIE METAPHYSIQUE

ET

VRAIE PHILOSOPHIE,

OU

ANALYSE UNIVERSELLE,

(*Science résultante de toutes les sciences et de tous les arts qui lui servent de base, et dont elle est le régulateur*).

Après avoir rassemblé, classé, décrit les matériaux de toutes nos connoissances ; après avoir fixé par des termes généraux ces lignes de démarcation qui (sans démembrer le grand corps des sciences, dont les diverses parties sont presqu'aussi étroitement unies que les membres du corps humain) peuvent nous offrir commodément et comme dans une mappemonde philosophique les divers points de vue sous lesquels il nous importe de l'envisager ; enfin après avoir tracé dans une suite de tableaux bien faits les élémens de chaque science, l'esprit humain a pu s'élever jusqu'à cette spéculation universelle, cette philosophie des sciences et des arts que j'ai définie avec autant de raison, ce me semble, que d'enthousiasme , l'*aigle planant sur le globe entier des connoissances humaines*. (Voyez mon discours préliminaire , pag. 20 , première partie).

Cette belle *science des principes* qui doit présider à la législation de toutes nos idées , parce qu'elle les embrasse toutes d'un coup - d'œil ainsi que le système de nos facultés , a dû naître la dernière , car elle suppose , comme on voit , les élémens de toutes les autres , et l'accumulation des travaux de l'esprit humain durant plusieurs siècles ; elle est donc le partage des esprits à-la-fois les plus vastes , les plus profonds , les plus pénétrans et les plus justes. Son précieux flambeau , formé d'abord de tous les traits de lumière et de vérité épars dans le domaine de nos connoissances , éclaire ensuite successivement toutes les parties du globe des sciences et des arts , à-peu-près comme le soleil éclaire tour-à-tour les divers points du globe de la terre ; et si la sphère idéale , comme la sphère terrestre , ne peut recevoir dans toutes ses parties la même quantité de lumière , quoique cette lumière soit par-tout la même ou de même espèce , c'est , comme je l'ai fait voir (première section , chapitre 6 , page 88 ; troisième section , chapitre 4 , page 304) , une suite nécessaire de la nature de nos idées et de notre esprit.

Sans doute il seroit à desirer qu'un seul homme put approfondir et régulariser toutes les sciences , en imprimant à toutes le cachet de la même force pensante et d'une même méthode analytique ; mais comme la chose est bien difficile , pour ne pas dire impossible

impossible , les savans doivent se partager le domaine de *l'analyse universelle* , et former chacun la
philosophie de la science qu'il cultive de préférence.
Pour cela , il doit en dessiner très-nettement la
carte , en déterminer avec précision la nomenclature , et placer à côté du tableau des questions ré-
solues la liste des problêmes à résoudre. — En un
mot , de la réunion des hommes supérieurs dans
tous les genres doit se former en Europe ce sublime
aréopage des législateurs de l'esprit humain , chargé de
réviser tous les siècles , et plus souvent s'il le faut
le dictionnaire et le tableau encyclopédique de nos
connoissances , afin d'arrêter , ou de fixer par une
décision solemnelle , les changemens que le tems ,
les découvertes et les travaux successifs du génie
auront rendus nécessaires. C'est-là l'unique moyen ,
ou du moins le meilleur , de conserver , de perfectionner et d'accroître la raison humaine , dernier
but des efforts du philosophe spéculatif , comme
celui des travaux du philosophe-pratique (ou du véritable homme d'état), doit être de profiter des lumières que le premier lui fournit pour adoucir le
sort de la trop malheureuse espèce humaine , en
perfectionnant l'art de gouverner : car il n'y a
(quoi que puisse dire la misérable canaille qui
voudroit égarer ou faire rétrograder la raison publique) que deux sortes de vraie gloire , celle
d'éclairer les hommes , et celle de les rendre heureux par un bon gouvernement.

Tome III. E

Les *arts mécaniques* , les *beaux arts* , les *lettres* et
les *sciences* forment donc le système complet de nos
vraies connoissances , et le reste des productions de
l'esprit, dues aux écarts de l'imagination , mérite à
peine l'honneur d'être nommé. Chacune de ces quatre grandes divisions de la science humaine , résulte de l'action régulière de l'intelligence ou force
pensante , et des sens qui tous y concourent plus ou
moins : mais comme le cerveau est celui qui domine
parmi eux, et dont les forces ou facultés se composent
de celles de tous les autres , on a cru devoir rapporter
le système de nos connoissances à celui de ses principales facultés vulgairement désignées par les noms de
mémoire, d'*imagination* et de *raison* (1) : mais il ne faut
pas s'y tromper , ce ne sont-là que des noms différens donnés à la même puissance , comme je l'ai
clairement démontré première partie , pag. 165 , etc. ;
et la division des sciences qu'on a basée là-dessus ,
n'est pas aussi naturelle et aussi philosophique qu'on
pourroit le penser , et c'est ce qui m'a déterminé à
y en substituer une autre , fondée sur la distinction

---

(1) C'est-là ce qui a servi de base au système figuré de nos
connoissances, 1º. par Bacon ; 2º. par d'Alembert et Diderot :
(voyez l'un et l'autre à la fin du discours préliminaire de l'Encyclopédie in-folio). J'ose me flatter que le public savant et pen-
sant , auquel je soumets mes idées, trouvera ma nouvelle division mieux fondée , plus exacte et plus philosophique que les
deux dont il s'agit , les seules que je connoisse et qui sont aussi ,
je crois , les seules qui aient fixé jusqu'à ce jour l'attention des
philosophes.

des produits réguliers de la force pensante et *des produits irréguliers de cette même force.*

En effet, de la force pensante bien conduite, de l'exactitude de ses opérations en tout genre, ou de la somme des jugemens, propositions et raisonnemens vrais en histoire naturelle, physique, géographie, astronomie, mathématiques, etc. , résulte cette belle faculté ou puissance nommée *raison*, entée sur le développement de nos facultés intellectuelles et morales, et dont les fonctions et l'occupation constante doivent être de nous faire appercevoir les vrais rapports existans pour nous (d'après notre organisation ou indépendamment d'elle) entre tous les objets et toutes les idées, et par là de rendre sensible cet être si abstrait nommé *vérité*, que l'on ne trouve qu'en observant, calculant et raisonnant toujours bien.

La raison et la vérité doivent donc se retrouver dans toutes les productions régulières de l'esprit humain ; il y a de la raison dans les arts, comme de l'imagination dans les sciences, et il entre de l'intelligence et de la mémoire dans tout ce que fait l'esprit : il peut exister des contre-sens, des erreurs et des absurdités en poésie, peinture, sculpture, etc.; car il est des fictions poétiques fondamentales qui, étant une fois admises, déterminent en partie les règles des beaux arts et les procédés du poète, du peintre et du sculpteur, comme en mathématiques certaines hypothèses ou conventions primitives entraînent les règles du calcul, ou mènent à une nombreuse série de conséquences nécessaires. L'on voit donc combien étoit imparfaite la division de nos connoissances, fondée sur la *mémoire*, la *raison* et l'*imagination*.

Elle l'est d'autant plus qu'en l'adoptant, on a indiscrètement mêlé et confondu les élémens de la théologie ou mythologie chrétienne avec ceux de la raison et de la vérité, et que rien n'est plus propre à introduire la confusion dans nos idées que ce dangereux alliage des choses divines et humaines (1) : il faut bien se mettre dans la tête que l'histoire de la Nature (qui comprend tout le monde réel), n'est rien moins que celle des dieux et des esprits, ou des bons et mauvais génies (anges, démons, etc.) ; enfin n'a rien de commun avec cet amas d'abstractions réalisées, d'assertions fausses et de fausses associations d'idées, d'où est résulté le *monde imaginaire*.

En effet, la force pensante n'est pas toujours cette faculté froide et symétrique qui se borne à comparer, à classer, à combiner ou analyser avec précision nos idées, à trouver ou évaluer des rapports, à mesurer des quantités mathématiques, etc. Souvent elle abandonne la règle et le compas pour se livrer au rapprochement et à la combinaison des plus grandes, des plus belles, des plus riantes ou des plus terribles images que nous offre la Nature :

—————————

(1) « Il faut (dit l'illustre historiographe de l'Académie de
« Berlin) que les esprits brisant les entraves d'un respect trop
« superstitieux, connoissent les limites qui doivent éternelle-
« ment séparer la raison de la religion, et que les examinateurs
« follement révoltés contre tout ouvrage de raisonnement ne
« condamnent plus la nation à la frivolité. » (*Extrait des*
Œuvres d'Helvétius).

elle ne se propose plus alors de mesurer , de calculer ; elle veut plaire , séduire , étonner ou épou-
vanter par les tableaux qu'elle enfante ; et pour
arriver à ce but , elle emploie toutes sortes de
moyens, et met à contribution tout l'univers : alors
d'*intelligence pure* qu'elle étoit , elle devient *imagination*. (Voyez première partie , pag. 165).

C'est à cette faculté audacieuse et souvent effré-
née que nous devons le monde fabuleux et imaginaire. C'est elle qui, dans presque tous les pays et
chez tous les peuples enfans , a tantôt transformé
les objets naturels en autant de divinités , et tantôt
a inventé une foule d'êtres fantastiques pour expliquer le mouvement des corps : c'est ainsi qu'elle a
créé tous les dieux supérieurs et subalternes (Uranus , Saturne , Jupiter , Neptune , Pluton , Junon ,
Minerve , Vénus et l'Amour , Cérès , Bacchus ,
Pan, Vertumne, Flore, Pomone et les Zéphirs , etc.) ;
c'est elle qui a donné aux fleuves et aux fontaines
leurs *nayades* , aux prairies et aux bocages leurs
napées, aux côteaux et aux montagnes leurs *oréades* ,
aux forêts leurs *driades ,* et à chaque arbre son *ha-
madriade* : elle a peuplé les bois de *faunes* et de *sa-
tyres* , les mers de *tritons* et de *néréides* ; c'est elle
enfin qui, personnifiant les passions, les vertus et
les vices , donnant un corps à presque toutes les
idées ou notions complexes, et répandant par-tout
le sentiment et la vie, s'est fait un langage tout
particulier , composé d'images, d'actions , d'hyper-
boles et de métaphores, langage qui, pour les premiers peuples qui en ont fait usage, pouvoit avoir

E 3

un sens déterminé et susceptible d'analyse, parce
qu'ils avoient, pour ainsi dire, assisté à sa création,
ou que ses auteurs leur en donnoient la clef, mais
qui, pour nous, est souvent mystérieux et inintelli-
gible, parce que nous sommes trop loin de l'époque
de sa naissance, et que sa signification originelle a
dû être considérablement altérée par le tems.

L'on sent que ce langage inexact et brillant,
très-propre aux compositions poétiques et à l'expression des passions, doit être sévèrement exclus de
toute discussion politique, administrative, et de
tout ouvrage scientifique et raisonné, où il seroit
aussi ridicule et déplacé que dangereux : dans tous
ces cas, où l'on se propose d'assigner des rapports,
de découvrir ou de démontrer des vérités, l'on ne
peut trop se rapprocher, par la simplicité, le laconisme et la clarté de l'expression, de la précision et
de la marche rigoureuse du calcul mathématique.

Conclusion de ce chapitre.

La Nature est tout, et ce qui n'en fait point
partie n'est rien. L'homme est un petit élément de
la Nature que d'ordinaire on en détache pour le
considérer à part, alors toute la science humaine
n'est que la connoissance exacte de ce qui se passe
en nous ou hors de nous. 1°. L'univers, en se réflé-
chissant dans notre tête, nous donne l'idée du monde
réel. 2°. Notre cerveau, en combinant tous les élémens venus du dehors (toutes les sensations reçues),
produit des notions archétipes, des plans ou modèles

idéaux que l'homme peut réaliser par son action sur la matière ; et de là l'existence du monde artificiel offrant le globe des arts, ou le tableau complet de l'industrie humaine. Ce petit monde créé par l'homme, variable et périssable comme lui, et soumis dans ses changemens à ceux de l'intelligence et des forces humaines, faisant partie du monde réel, n'est, comme nous l'avons déjà observé, qu'un chapitre des ouvrages de la Nature, et l'histoire de l'homme une branche de l'histoire naturelle. 3°. Le grand instrument de l'esprit ou l'organe central, en détachant du faisceau général des sensations intérieures et extérieures, ou des propriétés de la matière vivante et inanimée, divers élémens, comme l'*étendue*, le *mouvement*, la *durée*, la *pesanteur*, qu'il considère ensuite à part pour en développer la génération et les lois ou les soumettre au calcul, donne naissance aux mathématiques et à toutes les sciences qui ont pour base des idées abstraites.

Tant que le cerveau ne fait qu'analyser ou composer et décomposer exactement, soit les idées complexes, soit les idées abstraites dues aux sens ; tant qu'il ne voit ou ne place dans les objets que ce qu'il y a, il ne sort pas du domaine du vrai, du réel, du raisonnable et du possible : mais du moment où sa force productrice, sous le nom d'imagination, après avoir composé à son gré toutes sortes d'idées ou d'images, veut les transformer en réalités, ou donner à ses produits une existence qu'ils n'ont point, là commence, avec l'irrégula-

rité d'un pareil acte, l'imaginaire, le faux, l'absurde ou l'impossible.

Ce pouvoir malheureux de *réaliser des abstractions et des chimères*, d'associer ensemble des idées
disparates ou des élémens incompatibles, de voir
ou de mettre dans les objets ou les idées qui les
représentent ce qui n'y est point, et d'en retrancher ce qui en fait ou doit en faire partie, est la
source immense des préjugés et des erreurs dont se
compose la *déraison humaine.* Il y en a donc ou il
peut y en avoir d'autant de sortes qu'il y a de branches dans la division de nos vraies connoissances :
de là les erreurs et les préjugés en astronomie, en
histoire naturelle, en physique, en chimie, en morale et en politique ; de là cette multitude de formules, de propositions et d'assertions fausses reçues
pour vraies ; de là cette étonnante variété de contes
fabuleux et religieux, et ce système d'absurdités
devenues sacrées avec le tems dans tous les pays ;
de là cette foule de rêves sur l'origine et la formation de l'univers ; de là l'existence ou le règne des
dieux, des esprits ou êtres fantastiques substitués
aux objets naturels et à la puissance de la Nature ;
de là, en un mot, la fabrique générale des élémens
du monde imaginaire.

L'esprit d'analyse, ame de la vraie philosophie,
s'étend à tout : il comprend donc l'art de remonter
à la génération de nos erreurs, et d'en débrouiller
le cahos ; car pour tarir plus sûrement toutes les
sources du malheur et du crime, il faut d'abord
les connoître, et on les trouve en développant net-

tement ce long tissu d'absurdités consacrées par l'autorité et les passions de certaines gens , par l'amour du merveilleux , par l'ignorance et la peur, par la crédulité et la manie naturelle de tout expliquer sans rien connoître , sans avoir vu , observé, calculé , etc. — Ainsi , quoique le monde imaginaire ne puisse évidemment servir de base à nos vraies connoissances dont il ne fait point partie et dont il faut avoir grand soin de le séparer , l'art d'en présenter les élémens fait encore partie de celles-ci , et le monde imaginaire est comme l'univers réel soumis à la toute-puissance de la méthode analytique.

CHAPITRE II.

Variations séculaires qui doivent à la longue naître dans le systême de nos connoissances , par suite des changemens insensibles des forces de la Nature , et progrès possibles ou futurs de l'esprit humain. Obstacles qui s'opposent aux derniers développemens de ses forces , et moyens de vaincre ceux qui sont de nature à être surmontés.

L A force générale de la Nature étant pour un point quelconque de l'espace le résultat de la somme des forces particulières dont sont doués les divers corps de l'univers , et chacune de celles-ci étant fort variable , comme on le voit par le calcul de la double force tangentielle et centrale qui anime

les planètes, les comètes, et sans doute aussi tous
les corps célestes ; par l'exemple des animaux et
des végétaux, chez qui nous voyons les forces vitales subir une suite non interrompue de changemens depuis l'instant de leur formation ou de leur
naissance jusqu'à celui de leur décomposition ou
de leur mort ; par les taches variables observées à
la surface du soleil ; en un mot, par l'ensemble
des phénomènes naturels observés jusqu'à ce jour,
il s'ensuit que la puissance unique (dont l'action
sur chaque partie de la matière doit être envisagée
comme la *résultante* d'un si grand nombre de
forces) est elle-même une quantité très-compliquée
et très-variable.

Les forces précitées vu la courte durée de nos observations , le peu d'étendue de la mémoire humaine qui, au bout de quatre à cinq mille ans, se
perd dans la nuit des tems, nous paroissent constantes et invariables dans certains cas ; mais elles
ne doivent être regardées comme telles que pendant
quelques milliers d'années ou centaines de siècles.
En effet, il est démontré *à priori* qu'en vertu de
cette force éternelle (la *pesanteur*), éternellement
agissante en tous sens, il existe un mouvement
continuel et général dans toute la matière ou la
somme des corps célestes , puisque, quel que soit
leur éloignement, ils agissent les uns sur les autres, et que dans l'espace infini des cieux ils se
meuvent librement ou sans d'autre obstacle que
ceux qui naissent de leur action réciproque, puisqu'en un mot le mouvement ou la tendance au

mouvement sont essentiels à la matière (1), dont on n'a pu découvrir encore aucune partie qui ne soit point pressée par la force universelle de la gravitation.

Si donc rien ou presque rien ne nous a paru changer jusqu'ici sur le globe, dans notre système du monde et dans cette sphère d'étoiles qui l'environne, et qu'il nous plaît de nommer *fixes*, cette apparente immobilité n'est due qu'à l'énorme distance qui nous en sépare, à la lenteur relative de leurs mouvemens, et au peu de durée de nos observations, ou bien encore peut provenir en partie de ce que le système solaire et le cortége des étoiles (ou cette portion de l'univers accessible à nos regards) auroient un mouvement commun de translation dans l'espace. — C'est par une suite des mêmes causes que l'origine de l'espèce humaine et la série des variations qu'elle a subies avant d'arriver à l'état actuel, restent enveloppées pour nous

---

(1) Voyez première partie, pag. 73 et 119.

Si l'on imagine un plan dans l'espace infini des cieux, et qui soit dirigé de façon que la somme des momens de toutes les parties matérielles soit nulle par rapport à ce plan, le centre commun de gravité de la matière ou de tous les corps célestes sera dans ce plan. Si l'on en imagine de même un second perpendiculaire au premier et semblablement dirigé, le centre précité sera aussi dans ce second plan. De même, et par la même raison, il se trouvera dans un troisième plan perpendiculaire aux deux premiers; il sera donc tout-à-la-fois dans ces trois plans, par conséquent au point commun d'intersection, centre de gravité de la sphère totale des corps célestes.

dans une impénétrable obscurité. (Voyez première partie, pag. 184, etc.).

Tout a changé, tout doit changer encore à la longue ; il ne suffit donc pas d'avoir formé le tableau du genre humain, du globe et de l'univers (*actuels*), il faut y joindre un tableau supplémentaire des variations séculaires de la Nature, ou de la matière et des forces qui l'animent : mais on sent qu'un pareil tableau ne pourra se former que peu-à-peu, à mesure que le laps des siècles aura rendu sensibles les grands changemens survenus sur le globe, et par suite dans notre espèce ainsi que dans les règnes *animal*, *végétal* et *minéral*, enfin dans ce systême ou assemblage de corps célestes qui environne notre globe. Je pense et je crois pouvoir démontrer (autant que la chose est possible dans l'état présent de nos connoissances) que ces grands corps, par une suite nécessaire des forces universelles de la Nature, ont leur naissance, leur durée et leur fin, comme le corps humain a sa naissance, sa vie et sa mort, en vertu du double mouvement de la respiration et de la circulation du sang ; et de même que de nouveaux êtres animés se forment des débris d'animaux et de végétaux, de nouveaux mondes, de nouveaux systèmes de mondes naissent ou peuvent naître par l'agglomération de nouveaux corps célestes provenans de mondes détruits ou changés. — Ainsi la Nature, toujours vieille et toujours nouvelle, exerce durant la succession et l'accumulation infinie des siècles une sorte de chimie (en grand) dans l'espace, ou une chaîne de compositions et de décompositions pareille à celle qu'elle nous offre (en petit) sur le globe par la naissance, le développement, le dépérissement et la transformation perpétuelle des animaux, des végétaux et des minéraux.

Quand donc nous nous servons de ces expressions : l'*ordre constant des saisons*, la *marche invariable de la Nature*, l'*ordre immuable de l'univers*, etc. , il ne faut jamais oublier qu'un pareil langage est relatif à notre petitesse ; et tout cela veut dire que durant le peu de tems que nous avons vécu, observé et tenu registre de nos observations, l'état actuel du genre humain, du globe et du système solaire ne nous a point sensiblement paru changer. Cependant l'apparition et la disparution d'un grand nombre de comètes, des étoiles (ou soleils) qui augmentent ou qui diminuent de lumière, d'autres qui s'éteignent et disparoissent, sont déja pour un être aussi petit que l'homme d'importans phénomènes, qui nous en présagent de plus grands, et viennent à l'appui de ce que je ne fais qu'avancer ici, mais que j'espère pouvoir démontrer dans mon *Essai sur la génération des corps célestes et l'organisation des mondes.* Il me suffira pour le moment d'avoir prouvé que nos connoissances à venir, et les progrès futurs de l'esprit humain, n'ont d'autres bornes absolues que la durée de l'espèce humaine et celle de ses observations exactes, bien suivies et régulièrement enregistrées. Mais comme la marche de la Nature est fort lente, il est possible que des myriades de siècles s'écoulent avant que de grands changemens

aient eu lieu sur le globe et dans l'espace ; il est
même possible que ces changemens entraînent la
destruction du genre humain , et que notre globe
n'ait plus d'observateurs lorsque l'univers sera le
plus intéressant à observer et à décrire : car malgré
tout notre orgueil, il faut.convenir que nous sommes
fort peu de chose. Il est trop vrai d'ailleurs que les
sciences, la vérité et la raison sont des espèces de
plantes exotiques que, jusqu'à ce jour , l'on n'a pas
voulu , que l'on ne veut pas encore laisser croître
par-tout , et qui ont à vaincre des obstacles et des
ennemis de plus d'un genre.

—————

Les erreurs accréditées , les préjugés enracinés
par les habitudes vicieuses de l'esprit, les passions
des hommes , les mauvaises lois , les mauvaises
institutions, les mauvais gouvernemens, les guerres
injustes , les révolutions civiles et les grandes révolutions du globe ; le petit nombre des sages et des
vrais philosophes , et la multitude des faux savans
et des faux philosophes (qui sont à ceux dont ils
usurpent le nom ce que le fripon est à l'honnête
homme) ; le peu de gens qui pensent , et la foule
des sots et des automates qui croient (1) ; l'énorme
quantité de mauvais livres parmi lesquels le peu
de bons ouvrages qui existent se trouvent noyés
comme dans un océan sur lequel le tems ne les fait

—————

(1) Le vulgaire ressemble à une glace qui reçoit et réfléchit
indistinctement l'erreur et la vérité sans les connoître et sans les
sentir.

surnager qu'avec peine et avec une extrême lenteur ;
la multitude d'écrivains mercenaires (chargés par
état ou par goût d'égarer l'opinion et d'obscurcir la
vérité) opposée au petit nombre des nobles et cou-
rageux amis de la raison , presque toujours trop
foibles ou trop amis du repos pour être *les directeurs
de l'opinion publique* ; les entraves mises à la liberté
de la presse , seul rempart qui reste à l'Europe
contre le despotisme ; enfin le peu d'encouragement
et de récompenses offerts au génie et à la vertu ,
dont la pauvreté , l'abandon et les persécutions sont
l'ordinaire partage , tandis que les places , les pri-
viléges et les faveurs sont si souvent le prix de l'in-
trigue , de la bassesse et du crime ; tels sont les
principaux obstacles qui s'opposent aux progrès des
sciences , au perfectionnement de la raison et à
l'accroissement du bonheur de l'espèce humaine. —
Voilà le mal , et voici le remède.

La liaison rigoureuse de toutes les idées avec leurs
signes représentatifs , ou la définition exacte de
tous les termes dont se compose chaque langue ;
la formation exacte des idées générales et des notions
complexes, et par conséquent leur analyse rendue
possible dans tous les cas et dans toutes les parties
des sciences par le développement complet de leurs
élémens ; la construction d'un dictionnaire analytique (voyez 1ere. part. , sect. 3 , chap. 4, pag. 304
et pag. 280, etc.), où chaque signe d'une idée complexe
seroit constamment accompagné de la liste des signes partiels , exprimant les élémens de cette idée ;
le recensement, l'analyse et la vérification de toutes

les propositions contenues dans nos livres, lesquelles
sont ou l'expression de *jugemens vrais* , nous montrant le rapport des objets avec nous par le moyen
de nos sensations, ainsi que les rapports des objets
entre eux au moyen des qualités ou propriétés qui
leur sont communes, ou bien sont l'expression de
jugemens faux , par lesquels 1°. nous mettons dans
les objets et les idées complexes, des parties ou élémens qui n'y sont point, ou ne sont pas ceux qu'une
constante observation ou une suite d'observations
exactes, faites par des hommes bien organisés et de
bonne foi , y a montrés ou peut y montrer encore ;
2°. par lesquels nous retranchons ce qui leur appartient ou doit leur appartenir ; 3°. supposons entre
eux des rapports qui n'existent pas ; le triage ou
la séparation des idées et propositions élémentaires
dont se compose le système de nos connoissances ,
leur division en trois grandes classes contenant ,
la première toutes les propositions évidentes , véri-
fiées et démontrées , ou la somme des problêmes
exactement et complettement résolus dans chaque
science ; la seconde celle des propositions non évidentes , non démontrées vraies ou fausses , mais
plus ou moins probables , celle des problêmes non
résolus , mais dont la solution n'est pas démontrée
impossible ; enfin la troisième contenant la somme
des propositions reconnues fausses , et celle des
questions absurdes ou impossibles ; la classification
analytique de ces trois grandes masses d'élémens
distincts et déposés dans trois grands registres séparés composant , le premier , le dictionnaire de la
raison

raison et de la vérité , ou celui des produits exacts
et réguliers de la force pensante ; le second celui
des probabilités , des systèmes raisonnables , des
conjectures et de l'analogie ; le troisième celui de la
fable , des absurdités , des folies de l'esprit humain ,
des écarts de l'imagination ou des produits monstrueux de la force pensante ; la subdivision méthodique de chacun de ces trois grands dictionnaires
en un nombre de dictionnaires partiels , déterminé
par la nature des matériaux qu'ils renferment , et
le besoin de mettre entre toutes nos idées , quelles
qu'elles soient , le plus grand rapprochement et le
meilleur ordre possible , l'avantage acquis par là de
pouvoir toujours démêler sûrement et promptement
le vrai , le faux , le certain , le probable , et de
pouvoir rapporter au monde réel ou au monde
imaginaire ce qui fait partie , ce qui est du ressort
de l'un et de l'autre ; la composition d'un cours
d'études philosophiques ou d'une sorte d'encyclopédie élémentaire et analytique , offrant , sous la forme
la plus simple , le recueil précieux de tout ce qu'il y a
de vrai et de bien connu dans chaque branche des
connoissances humaines , dégagé de tout mélange
étranger , et présentant dans toute leur pureté les
premiers élémens de la vérité , de la raison et de la
saine philosophie , ainsi que d'excellens instrumens
pour s'élever au plus haut degré de l'une et de
l'autre ; l'usage habituel de cette méthode sur laquelle j'ai tant insisté , et d'où doit résulter , pour
celui qui la possède bien , une sorte d'infaillibilité
pareille à celle du calcul dans toutes les opérations

de son esprit ; enfin l'exécution d'un plan général d'instruction et d'éducation , basé sur une exacte analyse de l'entendement humain.

Tels sont les premiers et les meilleurs moyens à employer pour la destruction directe des erreurs et des préjugés , des habitudes vicieuses de l'esprit humain, pour l'avancement des sciences et les progrès de la raison : (je les ai je pense suffisamment détaillés dans cet ouvrage).

Mais il ne suffit pas de les avoir trouvés , ou d'avoir fixé les élémens dont doivent être composés l'esprit et le cœur des citoyens , d'avoir déterminé et choisi parmi toutes les habitudes dont l'homme est susceptible celles qui dans le moins de tems peuvent donner au système des facultés corporelles, intellectuelles et morales un *maximum* d'étendue , de régularité et de force ; il faut encore être assez heureux pour pouvoir mettre en pratique l'ensemble des principes qu'on s'est fait sur ces matières-là ; (car que peuvent le génie et la raison sans la force ?) : il faut donc vivre dans un pays et sous un gouvernement amis des lumières ; il ne faut pas que les passions des gouvernans dictent les lois , les plans d'éducation, etc. , en établissant un ordre de choses basé sur l'erreur , les préjugés et l'intérêt personnel , comme par malheur la chose a eu lieu dans tant de pays ; car alors l'ignorance et l'erreur sont sacrées , les préjugés passent pour être respectables , et la force au besoin a grand soin de les faire respecter : alors la raison et la vérité , placées entre les chaînes et les cachots du despotisme , et les bûchers de l'inquisition, n'ont plus d'asyle que dans l'ame de quelques sages, et restent cachées dans leur temple jusqu'à ce que la prudence et des circonstances favorables leur permettent d'en sortir impunément.

Il est une vérité malheureuse, c'est que presqu'aucun gouvernement ne s'est encore occupé sérieusement jusqu'ici de la solution de ce problême : *trouver les moyens d'introduire dans la société dont je suis le chef la plus grande somme de bonheur,* tandis que presque tous se sont occupés de la solution de celui-ci : *quels sont les meilleurs et les plus sûrs moyens de forcer le peuple que je gouverne de contribuer à mon bonheur, à mes plaisirs, à mes fantaisies, en lui laissant juste de quoi se nourrir, propager et travailler pour moi, ma famille et mes amis ? Enfin jusqu'à quel point peut-on multiplier les charges, les impôts, les corvées, et appesantir les chaînes de la servitude, sans s'exposer aux dangers de l'insurrection et de la révolte ?*

L'éducation, la morale, la législation et l'économie politique seroient certainement plus perfectionnées si l'intérêt (bien ou mal entendu) des gouvernans ne les eût empêchés constamment de vouloir ce perfectionnement, et ne les eût portés à vouloir le contraire. L'Angleterre, la France, la Suède, les Etats-Unis d'Amérique, etc., sont les pays les mieux gouvernés et les moins éloignés du but : sans doute ils l'atteindront un jour ; mais l'histoire jusqu'ici ne nous a que trop prouvé que ce n'est pas une petite affaire d'arriver en politique au meilleur des mondes possibles. Pour qui ne consulte qu'un zèle ardent pour le bonheur de ses semblables , la chose n'a rien d'impossible ; pour qui réfléchit profondément sur l'état passé et présent de l'espèce humaine , sur la complication des machines sociales, et connoît à fond les passions et le vrai caractère de l'homme , cela paroît souffrir beaucoup plus de difficulté ; et peut-être , à force d'y penser , sera-t-on fondé à conclure que le problême du meilleur gouvernement ne sera jamais résolu qu'à moitié, et que la seule chose qu'on puisse se flatter d'obtenir en ce genre , est une solution plus ou moins approchée. — Les peuples qui ont un gouvernement doux et modéré , feront donc très-bien de n'en point changer , dans la crainte d'en rencontrer un pire : car les révolutions coûtent fort cher ; elles risquent l'existence et le bonheur de la génération présente , et n'assurent pas toujours celui de la génération future ; et ce n'est que pour les peuples soumis à un régime vraiment oppresseur , ou dont les lois fondamentales sont évidemment mauvaises , que l'insurrection devient un devoir.

Le problême du meilleur gouvernement seroit à-peu-près résolu si le génie et la bienfaisance tenoient constamment les rênes d'un état : mais comme ce précieux miracle ne s'opère que très-rarement, et doit nécessairement durer peu à cause de la rareté des grands hommes, de la briéveté de la vie , de la difficulté d'être un grand homme durant toute la vie , et sur-tout d'avoir de grands hommes pour successeurs, enfin à cause des obstacles presqu'infinis que rencontre le véritable ami des hommes et de son pays, dans la destruction des abus, et de la difficulté d'être constamment entouré et secondé par des hommes qui lui ressemblent, il est fort à craindre qu'en ce genre là *pratique* (ou les choses telles qu'elles sont) ne soit toujours fort loin et fort au-dessous de la *théorie* (ou des choses telles que l'on conçoit qu'elles pourroient et devroient être).

Pour obtenir le plus grand bonheur de l'espèce humaine en créant celui des diverses sociétés qui la composent, il faudroit dans ceux qui les gouvernent tout-à-la-fois un maximum de *lumière*, de *force* et de *probité* : mais souvent, par malheur, la probité manque, et le genre humain se trouve abandonné à l'action unique de ces deux puissances, celle du *plus fort* et celle du *plus fin*. — L'espèce humaine paroît donc irrévocablement condamnée à un état mitoyen d'oscillation entre l'optimisme et le pessimisme en fait de gouvernement ; et elle approchera d'autant plus de l'une ou de l'autre de ces deux limites, qu'elle sera gouvernée par des hommes ou des sociétés d'hommes plus ou moins capables d'offrir cet heureux mélange de probité, de lumière et de force, auquel le bonheur de chaque société est attaché. L'on ne peut donc que former des vœux et faire des efforts pour que le gouvernement des nations soit au moins de tems en tems confié à quelques-unes de ces grandes ames ou à quelqu'un de ces génies supérieurs, animés d'un ardent amour pour le bonheur de leurs semblables, et préférant à tous les titres celui de bienfaiteur du monde.

Heureux les peuples qui ont de bonnes lois bien exécutées ! Malheureusement les meilleures lois me paroissent devoir durer peu. La société la plus vigoureusement organisée et la mieux conduite ne peut compter longtems sur son bonheur; elle renferme dans son sein tous les élémens de la destruction, tous les matériaux d'un volcan que la moindre étincelle peut allumer; il ne faut qu'un scélérat (homme de génie), un illustre ambitieux pour la bouleverser et se faire le tyran de ses concitoyens, après les avoir livrés aux horreurs de l'anarchie et de la guerre civile. Le caprice d'un roi qui s'ennuie, et que la Nature a fait guerrier et conquérant; l'amour-propre blessé d'un ministre; les petites passions d'un courtisan; la volonté d'un favori ou d'une maîtresse; le moindre intérêt personnel; une dispute pour un petit coin de terre, pour un peu d'or, pour des préséances; un simple mouvement de curiosité; une injure prétendue; un coup-d'œil; un mot; un rien, telles sont trop souvent les forces motrices des gouvernemens, et les causes qui décident du repos, du bonheur et de la durée des sociétés humaines. Les gouvernans qui n'ont en général pas plus d'humanité qu'il ne faut (1), ne se font pas toujours scrupule de

---

(1) Ajoutons, de peur d'être injustes, que c'est un rude métier de gouverner les hommes (pour qui veut le bien faire), et

faire tuer, pour leur plaisir, leur intérêt ou leur vanité, plusieurs milliers d'hommes : pour faire ce que l'on veut, il suffit de s'en sentir le pouvoir; c'est une affreuse vérité que l'expérience de tous les tems n'a que trop démontrée. La raison et la justice, sa fidèle compagne, qui devroient constamment diriger les forces des états comme la conduite des individus en réglant paisiblement les droits et les devoirs réciproques des nations, sont éconduites et méconnues. Une force aveugle, l'intérêt personnel, des vues étroites, l'ignorance et de petites passions décident de tout. *Sic volo, sic jubeo, sic pro ratione voluntas*, tels ont été, tels sont encore le langage et le principe de la conduite de la plupart des rois et des gouvernemens.

Tant que dure cette déplorable frénésie, qui engage les chefs des états à prodiguer les trésors et le sang des peuples, tantôt dans une guerre injuste ou déraisonnable contre les peuples voisins, tantôt dans une guerre civile occasionnée par le machiavélisme des cours, ou le fanatisme et les disputes religieuses et théologiques, la marche des sciences et des arts demeure précaire, incertaine, stationnaire, et souvent rétrograde. Non-seulement on ne peut plus se promettre aucun progrès, on doit même

---

que bien des souverains auroient pu ou pourroient dire comme Alvarès à Gusman :

Croyez-moi, les humains que j'ai trop su connoître
Méritent peu, mon fils, qu'on veuille être leur maître.

craindre de perdre tout ce qu'on possède : l'aveugle fureur des combats ne respecte rien ; les chefs-d'œuvre des arts sont détruits, les statues mutilées, les tableaux déchirés, les bibliothèques sont livrées aux flammes, les artistes et les savans sont moissonnés par le fer, tout périt. . . . Le travail des peuples et des siècles, le recueil des observations et des découvertes d'une longue suite de générations, ce dépôt précieux qui devroit être moins encore la richesse d'un peuple que la propriété du genre humain, est dévoré par le feu, ou demeure enseveli sous les décombres des villes embrâsées et démolies. Tout est oublié, tout est perdu ; c'est souvent en-vain que quelques amis des sciences et des arts, échappés au naufrage, voudroient relever leur temple abattu ; ils n'ont plus auprès d'eux cette multitude de compagnons de travail dont le secours leur étoit nécessaire ; ils n'ont plus ces registres où étoient déposés et classés méthodiquement les faits, les idées et les vérités dont la chaîne, pouvant toujours retracer à l'esprit des observateurs avec autant de commodité que de promptitude tout ce qui étoit déja connu, les mettoit à même de poursuivre régulièrement la série des observations, des expériences et des calculs, et arriver par là à de nouvelles découvertes ; bientôt ils cessent d'exister eux-mêmes. — Alors l'ignorance et la barbarie ne trouvant plus d'obstacle qui s'oppose à leur cours, règnent tristement avec la dépopulation, la misère et le despotisme dans l'antique patrie des sciences, des arts et de la civilisation : c'est ainsi qu'une grande partie du globe peut se trouver replongée dans les ténèbres, et qu'une partie de l'espèce humaine retombe dans un état d'enfance et de grossièreté, d'où elle ne peut plus sortir qu'après un grand nombre de siècles pareils à celui dont elle avoit eu besoin pour s'élever lentement au degré de connoissances où elle étoit parvenue avec tant de peine, et d'où, par une chaîne de causes semblables, elle a toujours à craindre de se voir de nouveau précipiter.

Ainsi les hommes se voient réduits à recommencer, après une certaine période de tems plus ou moins longue, un ouvrage toujours renaissant et toujours détruit; ainsi le fléau destructeur de la guerre, joint aux passions perturbatrices des rois, des prêtres et des gouvernans, ne nous permettent guère d'espérer ce long repos nécessaire à l'entier développement des forces de l'esprit humain, et au dernier perfectionnement des arts et des sciences; ainsi se trouve interrompu le brillant édifice de la civilisation, des lumières, de la liberté et du bonheur qui s'élevoit avec majesté vers la perfection:

> Manent opera interrupta, ruinæque
> Murorum ingentes, æquataque machina cœlo.

Ainsi s'évanouissent malheureusement nos espérances pour la perfectibilité indéfinie et toujours croissante de l'espèce humaine.

Pour les voir se réaliser, il faudroit que nous fussions sûrs de pouvoir prolonger indéfiniment cette chaîne d'observations, de faits, de calculs et

de travaux d'où résulte le corps des sciences ; il
faudroit pour pouvoir former l'histoire de la Nature que nous pussions la suivre dans son cours
durant quelques milliers de siècles , et tenir sans
interruption registre de tous les phénomènes et
changemens que le tems amène successivement et
n'offre que de loin en loin , ce qui suppose que
chaque génération naissante fut toujours capable
de continuer l'ouvrage des générations précédentes;
car je regarde comme une grande erreur et un préjugé très-nuisible la persuasion où l'on est que la
marche de la Nature vivante et sensible sur le
globe et dans l'espace qui l'environne a été et doit
toujours être la même ; il semble que le genre humain ne fasse que de naître , et cinq à six mille ans
de durée que veulent bien lui accorder de petits
esprits sont si peu de chose par rapport à l'existence totale de la terre et des planètes , qu'il est
tout naturel, comme je l'ai déjà fait voir ailleurs ,
que la variation de la force générale résultante de
toutes les forces partielles à l'influence desquelles
la matière est soumise , soit encore insensible pour
nous. Ces cinq à six mille ans qui mesurent la *portée
actuelle de la mémoire du genre humain*, sont peut-
être par rapport à l'âge de notre globe moins qu'une
goutte d'eau dans l'océan. Et que penseroit-on de
l'homme qui , dans l'impuissance de calculer le
changement de sa masse produit par cette addition ,
conclueroit qu'il n'a pas lieu ? N'est-il pas clair
qu'il raisonneroit fort mal , puisque l'océan n'est
autre chose qu'une goutte d'eau répétée un très-

grand nombre de fois ? Ne ressemblons-nous point à ces insectes qui ne vivent qu'un jour, et qui par ce jour voudroient juger de l'année entière, d'un siècle, ou même de la durée éternelle des êtres ! Songeons à notre petitesse, et défions-nous des propositions générales quand nous parlons de la *Nature*, ce grand et immortel Protée dont les variations et les métamorphoses perpétuelles sont une suite nécessaire de sa constante activité et de l'éternité de sa durée : ayons donc la sagesse d'attendre que le laps des siècles puisse mettre nos derniers neveux à même de prononcer sur une foule de questions maintenant insolubles pour nous.

Mettons-nous bien dans la tête que les siècles ne sont pas plus ou peut-être sont moins pour les planètes qu'un jour, une heure, une minute pour l'homme et les animaux qui les habitent, et qu'en général les grandes puissances agissantes sur les grandes masses le font avec une majestueuse lenteur, nécessaire pour opérer les mouvemens et changemens en grand, insensibles pour les individus des espèces vivantes (vu leur peu de durée), mais non pour les espèces elles-mêmes dont l'existence peut avoir un rapport assez grand avec la durée des planètes (si toutefois elle ne l'égale pas), et qui, par une suite prolongée d'observations, peuvent dresser un corps subsistant de faits qui s'accroît à mesure que les expériences et les phénomènes se multiplient, et finit par montrer à l'œil enchanté des derniers observateurs les lois longtems inconnues des grands changemens planétaires.

Voilà du moins ce qui arriveroit sur toutes les planètes où , comme sur le globe , il existe des êtres intelligens et observateurs, si souvent le redoutable et trop mobile théâtre de leurs observations , ne les engloutissoit pas dans ces terribles catastrophes que toute la sagesse humaine ne peut empêcher ni prévoir , et qui , détruisant tout-à-coup jusqu'aux derniers vestiges des connoissances et des monumens entassés durant plusieurs siècles , peuvent replonger le genre humain dans la barbarie et l'ignorance , ou même éteindre pour jamais le flambeau sacré de la science.

La Nature semble conspirer elle-même contre les progrès de l'esprit humain et la durée du bonheur de l'homme. A tous les puissans obstacles naissans des passions et de l'immoralité des hommes vient encore se joindre l'action des causes physiques : les divers points de la surface de ce globe que nous habitons avec tant de sécurité , reposent la plupart sur des abîmes : chaque jour un volcan , un tremblement de terre , une irruption de l'océan , l'affaissement d'une partie considérable des continens , le choc d'une comète , etc. , enfin l'une de ces grandes catastrophes produites par l'action puissante de ces grands agens qui travaillent et modifient sans cesse (quoique souvent d'une manière insensible) l'intérieur et l'extérieur du globe , peuvent détruire d'un seul coup une grande ville , une province , un pays entier , ou même une grande partie du genre humain , et faire disparoître pour longtems le précieux flambeau des arts, des sciences et des lois, dont l'heureux accord faisoit le bonheur de ces peuples détruits.

Cette force malheureusement trop majeure, jointe aux ravages presque continuels de la guerre et à l'intérêt que croient avoir la plupart des gouvernemens d'abrutir les peuples ou de les tenir dans l'ignorance pour les gouverner plus aisément, sera longtems encore un très-grand obstacle au dernier perfectionnement des sciences et de la raison humaine. Si les gouvernans de tous les pays et de tous les tems avoient voulu travailler sérieusement et de concert à l'aggrandissement de ce bel édifice, les annales du globe ne seroient pas comme elles sont, dans leur enfance; peut-être une foule de données précieuses sur les grands événemens qu'il a éprouvés depuis la naissance du genre humain pourroient-elles nous fournir le moyen de remplir au moins quelques-unes de ces immenses lacunes que présente son histoire qui pour nous est encore au berceau : (car, je le répète, qu'est-ce que trois à quatre mille années d'observations souvent interrompues ou mal faites par rapport à l'âge actuel ou à la durée totale du globe ?); peut-être l'imagination ne seroit-elle pas réduite à deviner la Nature qu'une foule de faits irrévocablement perdus pour nous eût pu nous faire connoître directement. Ce qui ne s'est point fait jusqu'ici, pourquoi n'entreprendroit-on pas de le faire ? Pourquoi n'ôterions-nous pas à nos descendans cette source de regrets que nous ont laissé nos pères ? Pourquoi tous les gouvernemens de la portion ci-

vilisée du globe ne préféreroient-ils pas à l'art féroce de faire exterminer (souvent pour des chimères)
quelques troupeaux d'hommes grossiers et stupides,
l'art paisible , rare et sublime de régir par la
raison et l'équité des peuples éclairés par eux , et
par eux rendus meilleurs et plus heureux ? Pourquoi toutes les puissances de l'Europe ne formeroient-elles pas en faveur des sciences , des arts et
du commerce , une sorte de ligue fédérative dont
le résultat direct seroit l'accroissement des lumières,
de la richesse nationale , et du bonheur de l'espèce
humaine ? Pourquoi ne travailleroient - elles pas
toutes en commun à ce superbe ouvrage ? Pourquoi
ne sacrifieroient-elles pas leurs rivalités , leurs petites jalousies , leurs misérables et sanglantes tracasseries à l'ambition plus noble et mieux entendue
de se surpasser par les découvertes dans l'agriculture , la législation , etc. , enfin dans l'art si précieux et si imparfait de guérir et de gouverner les
hommes ? Comptera-t-on toujours pour rien le plaisir si doux pour les grandes ames de faire des heureux , ce plaisir sublime des Titus , des Trajan ,
des Marc-Aurèle et des Frédéric ? Est-il bien sûr
que la guerre soit un mal nécessaire , et que l'on
ne puisse pas au moins beaucoup adoucir et diminuer en la rendant moins fréquente , moins sanglante ? Ne pourroit-on pas remédier à l'inconvénient d'une trop grande population , résultat
nécessaire d'une très-longue paix , par le défrichement de tant de terreins encore incultes , par la
création de nouveaux arts et de nouvelles manu

factures , par la formation de nouvelles colonies ,
et l'émigration naturelle (par la voie du commerce)
de tous les individus qui, ne trouvant pas leur
subsistance au sein de la mère-patrie, iroient librement chercher fortune ailleurs : et si la terre-ferme
venoit à être entièrement habitée , de nouvelles
Venise ne pourroient - elles pas sortir du sein des
mers par les efforts du génie et du besoin ? Les
progrès de l'industrie , du commerce et de la navigation ne pourroient-ils pas , en peuplant pour
ainsi dire , les mers de marins , fournir un écoulement naturel à la population quelque grande qu'on
la suppose ? Mais l'on est bien loin d'être obligé de
recourir à cette ressource ; l'immense continent de
l'Afrique, une grande partie de l'Amérique, la Nou-
velle-Hollande , une foule d'îles ne sont-elles pas en
partie désertes et incultes ? Et s'il doit y avoir une
époque où tous ces moyens et beaucoup d'autres que
je ne puis détailler étant entièrement épuisés, la terre
contiendroit tous les habitans qu'elle peut nourrir ,
cette époque n'est-elle pas encore extrêmement éloi-
gnée ? — D'ailleurs combien de guerres désastreuses,
fruit de petites intrigues , de petites passions , n'auroient point eu lieu si l'on eût voulu s'entendre et se
rapprocher de bonne foi , et si les gouvernans avoient
eu de part et d'autre plus de raison , d'humanité ,
de vraies lumières , et de cette élévation d'ame qui
compte pour quelque chose le sang des hommes ,
et qui accompagne presque toujours les grandes
connoissances et même les grandes passions.

Puisque le sort de l'Europe s'est amélioré par les

progrès de la civilisation ; puisque plus les hommes
sont réellement éclairés, mieux ils connoissent leurs
véritables intérêts , meilleurs ils sont, et moins disposés à se nuire et se déchirer par la guerre qui est
elle-même devenue moins fréquente et moins atroce
depuis que l'art militaire en se compliquant s'est
perfectionné , espérons que ces premiers bienfaits de
la civilisation ne peuvent plus que s'accroître dé-
sormais avec les lumières. Travaillons donc à les
répandre sur tous les points du globe ; que chaque
nation ait son dépôt qu'elle conserve soigneusement
et qu'elle augmente avec soin : et si par une suite
inévitable de quelqu'un de ces malheureux événemens dont je viens de parler, quelque peuple s'en
trouve privé tout-à-coup, il aura le moyen de rallu-
mer chez ses voisins le flambeau qui pour un moment s'est éteint pour lui ; et alors , mais alors
seulement , la lumière des sciences , toujours con-
servée et toujours croissante , sera aussi durable sur
le globe que l'espèce humaine qui les cultive.

Malgré l'étendue des entraves qui s'opposent au
perfectionnement de la législation et aux progrès
de la félicité humaine , l'ami des hommes ne doit
point se livrer au découragement et au désespoir :
s'il est impossible de s'opposer à l'action imprévue ,
aux coups inévitables d'une force supérieure, l'on
peut combattre avec succès l'ignorance , les préjugés et les passions qui sont nos plus dangereux ennemis ; pour cela il faut s'occuper sans relâche des
moyens d'introduire et de faire circuler jusques dans
les dernières ramifications de la société la lumière
                                                    de

de l'instruction ; il faut, en créant par de sages institutions, par une excellente éducation particulière et publique, une multitude de corps robustes, d'esprits sains et de cœurs généreux, créer aussi et rendre plus stable cette puissance publique, l'*opinion*, qui sera ensuite la sauve-garde et le boulevard des lois et des mœurs, une censure toujours vivante de la conduite des gouvernans, le meilleur frein contre les abus du pouvoir ou les attaques de l'ambition et de la cupidité. — Je pense, comme Sénèque, que nos maux ne sont pas sans remède : *non insanabilibus aegrotamus malis*, et ce remède doit se chercher et se trouver dans l'éducation et les institutions publiques, premiers fondemens de la morale, des bonnes lois et des bons gouvernemens.

La société est un grand corps qui s'entretient et se renouvelle sans cesse par la voie des générations ; les élémens qui le composent sont les individus successifs et variables qui forment chaque génération : si donc on n'a pas un moyen sûr de soumettre à une sorte d'uniformité (constante pour chaque condition et variable suivant les différentes conditions) l'éducation, c'est-à-dire, les idées, les passions, les occupations, les habitudes, les talens, par conséquent le caractère de cette pépinière de jeunes individus destinés à renouveler une nation, cette nation à coup sûr dégénère, se dénature et se décompose ; car dans tous ses changemens un corps quelconque (et le corps social comme tout autre) est toujours le résultat nécessaire du nom-

Tome III.   G

bre , de la qualité et de l'action des élémens qui
entrent dans sa formation. C'est une machine dont
le ressort et les rouages ne sont plus ou sont mal
entretenus , et qui , par cette raison , se détraque et
s'arrête.

L'éducation et les institutions publiques doivent
donc fixer les premiers regards du législateur qui
veut imprimer à ses lois beaucoup de stabilité et
de durée ; mais malgré sa sagesse et ses efforts,
cette durée ne peut être infinie. Les sociétés , tantôt
calmes et tantôt orageuses comme les mers , sont, par
leur nature et par une suite nécessaire de la complication de tous les intérêts et de toutes les passions ,
dans un état d'activité et de fermentation continuelles ; et si l'action toujours subsistante des forces
conservatrices , si l'œil toujours ouvert d'un bon
gouvernement ne veillent sans cesse à l'entretien et
aux réparations continuelles qu'exigent ces grandes
machines qui vont toujours en se compliquant par
le progrès de l'agriculture , du commerce , des richesses et de la population ; s'ils ne les défendent
pas contre les atteintes du tems , des passions humaines , de cette foule d'ennemis extérieurs et in-
térieurs qui tendent sans cesse à saper leurs fondemens , elles finiront bientôt par s'affaisser et suc-
comber sous leur propre masse.

Mais si l'on ne peut donner aux meilleures choses
cette éternité de durée qu'elles devroient avoir ; si
l'on ne peut rendre éternel le bonheur des sociétés ;
si sur ce globe où tout change , où tout naît , périt
et se renouvelle sans cesse , il ne nous est point per-

mis d'aspirer à quelque chose d'invariable et d'im-
périssable , encore est-il bon de ne rien négliger
pour s'approcher et se tenir le plus près que l'on
peut du meilleur ordre de choses possible. — La
raison et l'*équité* sont, ainsi que la *perfection* à laquelle elles servent de base , des limites qu'il faut
s'efforcer d'atteindre ; ce sont, pour ainsi dire , les
asymptotes de toutes les vertus humaines ; c'est un
phare sur lequel il faut toujours avoir les yeux ouverts;
un foyer de lumière et de chaleur vers lequel il
faut tendre constamment en parcourant le cercle
de la vie, comme les planètes tendent vers le soleil
autour duquel elles se meuvent , et qui les éclaire
et les vivifie. Malheur aux individus , aux gouvernemens et aux peuples qui perdent de vue ce soleil
moral , *vérité* et *justice* ; ils courent le même dan-
ger que les habitans des planètes, privés tout-à-coup
des feux du soleil s'il venoit à s'éteindre , celui de
périr au milieu des ténèbres.

Si donc nous ne pouvons arriver à la perfection ,
du moins tâchons de ne pas rétrograder ; ayons le
noble orgueil de transmettre à la génération naissante et à nos neveux la même quantité de lumières ,
de jouissances ou de bonheur que nous ont laissé
nos pères : c'est un dépôt sacré , un patrimoine
qu'il faut s'efforcer de leur transmettre intact, si
nous ne pouvons l'augmenter. Si l'on ne peut se
permettre l'espoir d'un perfectionnement illimité ,
on peut du moins raisonnablement compter sur
une très-grande amélioration, résultat nécessaire de
la propagation toujours croissante des lumières (car

je ne puis penser que jamais toutes les bibliothèques puissent être à-la-fois brûlées et en même tems toutes les imprimeries détruites), et c'est assez pour que tous les savans, tous les princes vertueux, tous les hommes de probité et de génie unissent leurs efforts pour arriver à ce but heureux des vœux et des espérances les plus raisonnables : il n'est rien de plus doux pour une grande et belle ame que de s'occuper du bonheur de l'homme ; et à quoi bon s'occuper encore du soin de faire naître des hommes, si l'on renonçoit aux seuls moyens de leur rendre l'existence au moins supportable !

Heureux lui-même le philosophe ou le législateur qui peut dire en mourant à ses concitoyens, comme un bon père à ses enfans : « Mes amis, « la Nature ou votre propre choix m'avoient confié « le soin de vous éclairer et de faire votre bon- « heur ; j'ai tout fait pour arriver à ce but , j'ai « rempli ma tâche : continuez à cultiver ce champ « que mes premiers efforts ont rendu fertile , effor- « cez-vous d'aller plus loin que moi ; conservez « du moins sans altération , si vous ne pouvez « l'améliorer et l'accroître , le dépôt précieux des « arts , des sciences , des lois et des mœurs , dont « la réunion peut seule vous donner tout le bon- « heur auquel la Nature et la raison vous permet- « tent de prétendre. »

CHAPITRE III.

Continuation du précédent. Bornes de l'esprit humain et de la puissance de l'homme.

LE mouvement diurne de la terre ou sa *rotation*; son mouvement annuel autour du soleil ou sa *révolution*; l'action de la lune, du soleil, etc., sur l'atmosphère et l'océan; la pesanteur, le calorique et la lumière, etc., sont autant de forces générales qui produisent et entretiennent l'ordre des saisons, la végétation et la vie, en un mot, ce tableau de moûvemens secondaires, embrassant tout ce qui se passe sur le globe dans la matière vivante ou inanimée.

L'action continuelle de ces hautes puissances est telle, que l'homme ne peut, quoi qu'il fasse, rien changer à ce grand et premier ressort indépendant de lui, et dont il dépend constamment et nécessairement lui-même : j'appelle à cause de cela *nécessité* la force supérieure résultante de toutes les forces en question. Tout ce que nous pouvons donc et devons faire, c'est d'employer la portion d'intelligence, de raison et de force physique que nous avons en partage (car il faut bien nous mettre dans la tête que rien n'a été fait exprès pour nous, mais que par une suite nécessaire de notre organisation nous avons des sens et des facultés dont nous tirons le meilleur parti possible) à combattre, détourner, diriger et mettre à profit les forces supérieures de la Nature, et les grands effets qui en résultent, tels que le flux et reflux des mers, le cours des fleuves, les vents, le feu, etc., en les pliant adroitement à nos usages, en en détachant, pour ainsi dire, une partie plus proportionnée à nos propres forces, et qu'alors nous puissions manier et appliquer à notre gré.

C'est ainsi que l'homme est venu à bout de maîtriser, jusqu'à un certain point, les élémens qui sembloient d'abord devoir le détruire. Il a dompté les animaux qu'il a transformés en esclaves ; il les a fait servir, ainsi que l'eau, l'air et le feu, aux usages et aux besoins de la vie domestique ; il s'est élevé à l'invention de toutes sortes d'outils, d'instrumens, de machines, de métiers et de manufactures propres à satisfaire les divers besoins de la société ; il a rendu les rivières et les fleuves navigables ; il a construit les divers systêmes de machines flottantes (pirogue, nacelle, barque, chaloupe, navire, corvette, frégate et vaisseaux de tout rang) destinées à la protection du commerce, et à la défense des peuples et des états maritimes ; il a parcouru les mers en tout sens, reconnu toutes les parties principales du globe dont il a dressé la carte ainsi que celle de l'espace céleste qui l'environne ; il a trouvé le vrai systême du monde ; il a pu fixer sur un plan la courbe décrite par chacun des grands corps qui le composent, et dont il peut à chaque

instant calculer la position pour un point quelconque de l'espace ; enfin il a su maîtriser et di -
riger la foudre, et naviguer dans les airs. — C'est
alors que voyant nettement la place qu'il occupe
dans l'univers , et comparant sa petitesse avec ses
lumières et sa puissance , il a pu raisonnablement
jetter sur lui-même un regard de satisfaction et
d'un orgueil aussi noble et bien fondé qu'étoit petit
et ridicule ce sentiment d'une vanité ignorante ,
fruit du préjugé par lequel il s'étoit d'abord placé
au centre du monde , et s'étoit lui-même proclamé
roi d'une terre immobile au milieu de tout l'univers
en mouvement pour ses plaisirs.

Attaché à cette terre par une force supérieure
qu'il ne peut contrebalancer par rien , et par une
organisation qui ne pourroit se conserver ainsi que
la vie , même à une distance de quelques lieues dans
l'atmosphère, l'homme ne peut donc espérer de bien
connoître que la planète qu'il habite , qui l'entraîne
avec elle dans son tourbillon , et dont aucune puissance connue ne peut le détacher ; ce n'est qu'à
l'aide du télescope, etc. , qu'il peut rapprocher ,
observer et connoître les autres parties de l'univers ;
qu'il s'occupe donc du dernier perfectionnement des
instrumens d'optique, dont le terme doit être aussi
celui de ses découvertes et de ses espérances en ce
genre : et cette observation lui montre à-la-fois
l'étendue et les bornes de ses vraies connoissances ,
subordonnées en partie au pouvoir de ses sens et
de ses instrumens , et en partie aux combinaisons
exactes de sa tête.

G 4

Mais qu'il n'aille pas se croire pauvre parce qu'il ne peut embrasser tout l'univers : le globe qu'il habite est sans doute bien peu de chose , si on le compare à cette multitude indéfinie de grands corps placés çà et là dans l'espace ; mais ce globe qui est presque tout pour lui , puisqu'il est le seul qui lui soit accessible , n'est pas encore entièrement connu et parcouru ; plusieurs points ont besoin d'être vérifiés , plusieurs d'être peuplés , d'autres d'être civilisés , presque tous d'être mieux observés , mieux décrits , et sur-tout mieux gouvernés : de grands espaces sans habitans attendent des colonies et les bienfaits de l'agriculture , et plus des trois quarts du genre humain soupirent encore après ceux des lumières , de la liberté et d'une meilleure civilisation. Les langues et les méthodes scientifiques , les instrumens de l'observation et de l'instruction sont encore ou trop imparfaits ou trop peu répandus ; il faut donc les corriger , les simplifier , les perfectionner et les répandre. L'éducation , la morale , la législation et le gouvernement seront longtems encore à s'asseoir sur les élémens de cette vraie philosophie qui , elle-même , a pour base invariable *l'organisation humaine.* Que de choses à faire pour obtenir le dernier perfectionnement des sciences morales et politiques ! Que de travaux, de patience, d'adresse , de prudence et d'efforts il faudra employer avant d'arriver à-peu-près au but si desiré ! Que de causes imprévues ou impossibles à prévoir pourront déranger les plans les mieux concertés , car le *hasard* ou la *fatalité* , mots qui n'existeroient

pas pour un être qui connoîtroit tout , mais qui
n'existent que trop pour l'homme bien éloigné de
tout connoître, de tout prévoir, sont encore une de
ces forces cachées auxquelles il est contraint d'obéir
ainsi qu'à la *nécessité* ! Que d'expériences , que
d'observations neuves en tout genre sont encore à
tenter ! Que d'arts nouveaux , que de sciences nouvelles sont encore à naître par l'inépuisable fécon-
dité de cette mine d'invention , *la comparaison des
objets sous toutes leurs faces , et la combinaison des
élémens matériels et de nos idées de toutes les manières
possibles* !

Peut-on se flatter d'avoir saisi dans les procédés
des arts , les plus sûrs , les plus abrégés ou les plus
simples , les plus économiques et les plus avantageux ; enfin sait-on , parmi les diverses manières
de faire une chose ou d'obtenir un résultat , saisir
toujours la plus prompte et la meilleure ? A-t-on
bien examiné toutes les routes qui peuvent conduire
au même but ? La solution de chaque problême
est-elle complette ? A-t-on bien distingué le monde
et les choses tels qu'ils sont, du monde et des choses
tels qu'ils devroient être ? A-t-on trouvé la ligne de
démarcation qui fixe ce que l'homme doit à la Nature par l'organisation , et ce qu'il se doit ou peut
se devoir à lui-même par l'éducation ? Sait-on jusqu'où s'étend le pouvoir et l'influence qu'il peut
exercer sur sa constitution primitive ; jusqu'à quel
point il peut la modifier , la changer et l'améliorer (1) ? A-t-on déterminé avec précision les élémens

____

(1) Ecoutons parler là-dessus un philosophe aussi aimable

ou principes communs à tous les arts et à toutes les sciences, enfin cette liaison, cette analogie précieuse qui, de tant de parties éparses, ne doit faire qu'un seul tout régulier comme le système des facultés de l'homme auquel elles doivent leur existence? Combien les sciences, dans leur état actuel, ont encore besoin de se dépouiller de tout ce qui leur est étranger, de se dégager de toute notion indéterminée, de toute proposition fausse ou douteuse, avant d'arriver à cette forme simple, à cette expression la plus claire et la plus commode qui, les présentant à tous les esprits sous le plus petit volume possible, doit mettre le plus grand nombre d'hommes à même de se les approprier avec un *minimum* de tems, de peines et de dépense? Combien de tems doit encore s'écouler avant qu'on ait déraciné totalement l'erreur et les préjugés de toutes les têtes, précaution qui pourtant est nécessaire avant de pouvoir y semer, avec le plus grand succès, le bon grain de la vérité? Enfin quand aurons-nous une langue scientifique ou méthode analytique universelle et parfaitement exacte?

Il reste donc encore à l'esprit humain et à la force pensante un vaste champ à parcourir, et il s'écoulera encore bien des siècles avant que nous soyons arrivés au meilleur ordre de choses possible; mais

---

que distingué, et l'un de ceux qui ont le mieux connu l'homme physique et moral.

« Sans doute il est possible, par un plan de vie combiné sagement et suivi avec constance, d'agir à un assez haut degré, sur

malgré les puissans obstacles dont j'ai parlé ci-
devant, nous pouvons conserver l'espérance, sinon

---

l·s habitudes mêmes de la constitution : il est par conséquent possible d'améliorer la nature particulière de chaque individu ; et
cet objet, si digne de l'attention du moraliste et du philantrope,
appelle toutes les recherches du physiologiste et du médecin ob-
servateur. Mais si l'on peut utilement modifier chaque tempérament pris à part, on peut influer d'une manière bien plus étendue, bien plus profonde, sur l'espèce même, en agissant d'après
un système uniforme et sans interruption, sur les générations
successives. Ce seroit peu maintenant que l'hygiène se bornât à
tracer des règles applicables aux différentes circonstances où
peut se trouver chaque homme en particulier : elle doit oser
beaucoup plus ; elle doit considérer l'espèce humaine comme un
individu dont l'éducation physique lui est confiée, et que la durée indéfinie de son existence permet de rapprocher sans cesse,
de plus en plus, d'un type parfait, dont son état primitif ne donnoit même pas l'idée : il faut, en un mot, que l'hygiène aspire
à perfectionner la nature humaine générale.

« Après nous être occupés si curieusement des moyens de rendre plus belles et meilleures les races des animaux ou des plantes
utiles et agréables ; après avoir remanié cent fois celles des chevaux et des chiens ; après avoir transplanté, greffé, travaillé
de toutes les manières, les fruits et les fleurs, combien n'est-il
pas honteux de négliger totalement la race de l'homme ! comme
si elle nous touchoit de moins près ! comme s'il étoit plus essen-
tiel d'avoir des bœufs grands et forts, que des hommes vigou-
reux et sains ; des pêches bien odorantes, ou des tulipes bien
tachetées, que des citoyens sages et bons !

« Il est tems, à cet égard comme à beaucoup d'autres, de suivre un système de vues plus digne d'une époque de régénération :
il est tems d'oser faire sur nous-mêmes, ce que nous avons fait
si heureusement sur plusieurs de nos compagnons d'existence :
d'oser revoir et corriger l'œuvre de la Nature. Entreprise hardie !
qui mérite véritablement tous nos soins, et que la Nature semble nous avoir recommandée particulièrement elle-même. Car

d'une perfection illimitée ou indéfinie, au moins de grands progrès dans bien des genres, et d'une amélioration considérable dans presque tous.

---

n'est-ce pas d'elle, en effet, que nous avons reçu cette vive faculté de sympathie, en vertu de laquelle rien d'humain ne nous demeure étranger ; qui nous transporte dans tous les climats où nôtre semblable peut vivre et sentir ; qui nous ramène au milieu des hommes et des actions des tems passés ; qui nous fait coexister fortement avec toutes les races à venir ? C'est ainsi qu'on pourroit à la longue, et pour des collections d'hommes prises en masse, produire une espèce d'égalité de moyens, qui n'est point dans l'organisation primitive, et qui, semblable à l'égalité des droits, seroit alors une création des lumières et de la raison perfectionnée.

« Et dans cet état de choses lui-même, il ne faut pas croire que l'observation ne pût découvrir encore des différences notables, soit par rapport au caractère et à la direction des forces physiques vivantes, soit par rapport aux facultés et aux habitudes de l'entendement et de la volonté. L'égalité ne seroit réelle qu'en général : elle seroit uniquement approximative, dans les cas particuliers.

« Voyez ces haras, où l'on élève, avec des soins égaux et suivant des règles uniformes, une race de chevaux choisis : ils ne les produisent pas tous exactement propres à recevoir la même éducation, à exécuter le même genre de mouvemens. Tous, il est vrai, sont bons et généreux ; ils ont même tous beaucoup de traits de ressemblance, qui constatent leur fraternité : mais cependant chacun a sa physionomie particulière ; chacun a ses qualités prédominantes. Les uns se font remarquer par plus de force ; les autres par plus de vivacité, d'agilité, de grace : les uns sont plus indépendans, plus impétueux, plus difficiles à dompter ; les autres sont naturellement plus doux, plus attentifs, plus dociles, etc., etc. De même, dans la race humaine perfectionnée par une longue culture physique et morale, des traits particuliers distingueroient encore, sans doute, les individus.

Ce qui peut mieux nous inspirer une juste confiance à cet égard, c'est qu'en jettant un coup-d'œil sur le tableau de la marche et des progrès de l'esprit humain en Europe, durant environ trente siècles d'observations suivies, qui forment

---

« D'ailleurs, il existe sur ce point, comme sur beaucoup d'autres, une grande différence entre l'homme et le reste des animaux. L'homme, par l'étendue et la délicatesse singulières de sa sensibilité, est soumis à l'action d'un nombre infini de causes : par conséquent, rien ne seroit plus chimérique que de vouloir ramener tous les individus de son espèce, à un type exactement uniforme et commun. Les hommes, tels que nous les supposons ici, seroient donc également propres à la vie sociale ; ils ne le seroient pas également à tous les emplois dont la société se compose. Leur plan de vie ne devroit pas être absolument le même ; et le tempérament, comme la disposition personnelle des esprits et des penchans, offriroit encore beaucoup de différences aux observateurs.

« Or, ce sont les remarques de ce genre qui peuvent seules servir de base au perfectionnement progressif de l'hygiène particulière et générale. Car, soit qu'on veuille appliquer ses principes aux cas individuels, soit qu'on la réduise en règles plus sommaires, communes à tout le genre humain, il faut commencer par étudier la structure et les fonctions des parties vivantes : il faut connoître l'homme physique, pour étudier avec fruit l'homme moral ; pour apprendre à gouverner les habitudes de l'esprit et de la volonté, par les habitudes des organes et du tempérament. Et plus on avancera dans cette route d'amélioration qui n'a point de terme, plus aussi l'on sentira combien l'étude qui nous occupe est importante : de sorte qu'un des plus grands sujets d'étonnement pour nos neveux, sera sans doute d'apprendre que chez des peuples qui passoient pour éclairés, et qui l'étoient réellement à beaucoup d'égards, elle n'entra pour rien dans les systèmes les plus savans et dans les établissemens les plus vantés d'éducation. »

(Extrait de l'ouvrage du sénateur Cabanis, intitulé : *Rapports du physique et du moral*, tome I, page 479.)

pour nous son histoire composée de celles de toutes
les nations bien connues ; en suivant attentivement
la série des changemens , tantôt brusques , tantôt
insensibles , de la civilisation qu'ont parcouru les
peuples en passant de l'état sauvage ou de celui de
chasseur et d'ichtyophage à celui de pasteur , de
celui-ci à celui de cultivateur , et de ce dernier à
celui d'une nation policée , commerçante , indus-
trieuse et soumise à des lois ; en considérant l'influence exercée par l'invention et l'emploi de l'écri-
ture alphabétique, et l'influence bien plus grande de
la découverte de l'imprimerie ; en comparant les
progrès des sciences et des arts en Egypte , en
Grèce , en Italie , en France et dans toutes les parties de l'Europe moderne , il est impossible de se
dissimuler que malgré ces tems malheureux d'ignorance, de barbarie et de ténèbres ; malgré ces affli-
geantes éclipses de la vérité et de la raison qui, de
tems à autre , ont paru menacer le genre humain
d'une nuit éternelle ; malgré ces alternatives de
grandeur et d'avilissement , de décadence et de restauration , la masse des lumières a toujours été
croissante jusqu'à ce jour , où elle est réellement
beaucoup plus grande qu'elle n'ait jamais été. —
Si les produits de l'imagination sont moins nombreux ou moins parfaits que chez les Grecs et les
Romains , ceux de l'intelligence pure le sont beaucoup plus ; si nous avons perdu du côté des beaux
arts (ce que je ne veux pas décider , en observant
seulement que cette mine doit comme toute autre
s'épuiser à la longue à force d'être exploitée) , nous

avons considérablement gagné du côté de l'histoire
naturelle, de la physique, de la chimie, et des
sciences exactes (que nous avons véritablement
créées depuis deux siècles) et des arts mécaniques
destinés à aller toujours en se perfectionnant avec
les sciences précitées : avec moins d'éclat peut-être
que les anciens (1), nous avons plus de profondeur,
de justesse et de clarté dans nos conceptions ; l'instrument de la pensée et toutes les méthodes d'en-
seignement sont singulièrement perfectionnées ; le
nombre des têtes pensantes, sans être encore très-
considérable, s'est néanmoins déja beaucoup accru :
et ce sont autant de petits centres ou foyers de lumière, de chaleur et d'activité qui, en s'exerçant
chacun dans une sphère plus ou moins étendue,
doivent se multiplier de plus en plus, et ne sauroient manquer à la longue d'éclairer, d'électriser,
et de faire penser jusqu'à un certain point tout le
monde.

Plus il y aura d'égalité dans les lumières, plus
il doit y en avoir dans les fortunes, parce que les
connoissances et la finesse de l'esprit, résultat d'une
instruction plus égale, empêchant chacun d'être
dupe des gens adroits, des charlatans, des intrigans et des fripons, lui montrent en même tems

---

(1) Ajoutons que nous jugeons l'antiquité à travers le micros-
cope de l'imagination et des siècles, tandis que nous voyons
les modernes et nos contemporains tels qu'ils sont ; ici le tems
qui grossit tout ne peut nous faire illusion.

l'art de tirer le meilleur parti de son tems et de ses facultés, et d'améliorer continuellement son existence par des voies honnêtes, en fondant son aisance et sa fortune sur sa bonne conduite, son travail et ses talens. Un plus grand équilibre entre les forces morales des citoyens doit donc en produire aussi davantage dans leurs moyens de subsistance; et il est aisé de démontrer que, dans l'état de l'Europe gouvernée comme elle doit l'être, toutes les fortunes tendent sans cesse à se mettre de niveau par la liberté complette de l'industrie et du commerce. Il ne doit donc plus exister à la longue entre les hommes (bien gouvernés) que cette inégalité de fortune et de connoissances qui, proportionnée à la différence des états et des conditions, est un élément nécessaire au bien des sociétés, résultant de la construction même des machines sociales.

Tous les bons esprits connoissent maintenant la toute-puissance d'un excellent plan d'instruction et d'éducation ; et pour l'établir, il ne faut plus que du tems, de la tranquillité, ainsi qu'une volonté décidée de la part du gouvernement de protéger, d'encourager les vrais savans et les hommes précieux qui se vouent à l'instruction publique : les bons écrivains s'occupent par-tout des moyens d'épurer la morale et de perfectionner l'économie politique. — Une grande nation, en renversant de fond en comble l'édifice gothique de ses anciennes lois, ou plutôt de ses coutumes aussi multipliées que bisarres, est venue à bout, en quelques années, par la plus inconcevable révolution, et à travers un

torrent

torrent de prodiges , de malheurs et de crimes , de
se soumettre à un système général et uniforme de
législation , et de se donner une constitution (1)
basée sur la déclaration solemnelle des droits et des
devoirs de l'homme et du citoyen. Elle a fait, sans
contredit, de grandes choses ; elle a renversé beaucoup d'obstacles et triomphé d'un grand nombre
d'ennemis : mais il lui en reste un bien dangereux
à vaincre, c'est cette immoralité profonde attachée
à l'état de révolution et de guerre, à ce sommeil
passager des lois et de l'opinion qui fait que tant de
gens sacrifient impunément, et sans pudeur la chose
publique à leur insatiable cupidité. Si elle vient à
bout d'étouffer cette hydre dangereuse ; si, comme
il y a lieu de l'espérer, le gouvernement sait, par
un heureux accord de fermeté et de prudence, de
générosité, de modération et de justice, rallier en
un seul faisceau tous les esprits et les cœurs, et
par conséquent aussi toutes les forces, il est hors
de doute que notre exemple et nos sacrifices ne seront point perdus pour l'espèce humaine. Une na-

––––––––––––––––––––––––––––

(1) Je prie mes lecteurs de ne pas oublier que cet ouvrage
étoit terminé à la fin de l'an 6 , et devoit paroître au com-
mencement de l'an 7 , sans les raisons que j'ai fait connoître :
je n'y ai fait que de très-légères additions, et je pense au sur-
plus qu'il ne contient guère que de ces vérités éternelles, indépen-
dantes de toutes les formes de gouvernement et des opinions
de tous les siècles et de toutes les sectes. Si donc on y trouvoit
quelque chose à redire, j'observerois aux mécontens : *ce n'est
pas ma faute, mais celle de l'analyse et de la vérité.*

tion de trente millions d'hommes, placée au centre
de l'Europe (et bien gouvernée), doit naturellement avoir sur les peuples voisins cette influence
des grandes masses agissantes dans une sphère très-
étendue , et qui doivent entraîner les petites dans
leur tourbillon.

Le perfectionnement des lumières et de la raison
chez trois grandes nations maritimes (les *Français*,
les *Anglais* et les *Anglo-Américains*) qui, dans leurs
relations commerciales , embrassent tous les points
du globe, doivent infailliblement, et à la longue,
en civiliser toutes les parties : leurs langues émi-
nemment propres aux affaires , aux sciences et à la
philosophie , et celles qui présentent le plus grand
nombre de bons livres en tout genre , sont déja
parlées presque par-tout , et universellement em-
ployées dans les transactions sociales , dans les
rapports commerciaux , dans les traités diploma-
tiques , etc. — La Russie dont le vaste territoire est
presqu'aussi grand que l'Europe ; la Russie dont
les flottes et la puissance peuvent s'étendre de la
Baltique au Japon et à la Chine, de la mer Glaciale
à la mer Noire ; la Russie déja considérablement
peuplée et civilisée par les efforts de Pierre-le-Grand
et de l'illustre Catherine, dont la sagesse et les vues
grandes et philosophiques paroissent animer aujour-
d'hui le monarque qui préside à ses destinées ; la
Russie peut arriver un jour à un degré de population et de civilisation tels que leur influence se ré-
pande sur l'immense continent de l'Asie ; alors
l'agriculture , le commerce et les arts vivifieront

cette belle partie du monde où l'esprit humain croupit depuis tant de siècles dans une honteuse immobilité. — La Turquie, ce foible colosse qui de lui-même tombe en ruines, ne sera plus longtems un obstacle au progrès général des connoissances humaines ; et les diverses portions de cet empire participeront à la civilisation des nations européennes avec lesquelles elles seront amalgamées après la conquête et le partage de ses provinces.

Il peut, il doit donc arriver ce jour heureux où la vérité et la liberté (qui comme l'air et la lumière tendent sans cesse à pénétrer par-tout) auront triomphé de tous les obstacles, et comme ces deux élémens enveloppé tout notre globe : « Et com-
« bien (dit l'illustre et malheureux Condorcet (1))
« ce tableau de l'espèce humaine, affranchie de
« toutes ses chaînes, soustraite à l'empire du ha-
« sard, comme à celui des ennemis de ses progrès,
« et marchant d'un pas ferme et sûr dans la route
« de la vérité, de la vertu et du bonheur, présente
« au philosophe un spectacle qui le console des
« erreurs, des crimes, des injustices dont la terre

---

(1) Voyez son *Esquisse d'un tableau historique des progrès de l'esprit humain*. Si j'avois l'érudition et les talens de ce noble ami de la vérité, j'oserois peut-être un jour entreprendre l'exécution d'un ouvrage dont sa mort nous a privés. Mais je sens que j'ai déjà fait au public bien des promesses, que la durée de ma vie ne me permettra probablement pas de remplir complettement ; je n'ose donc y en ajouter une nouvelle, que d'ailleurs il peut être au-dessus de mes forces de réaliser.

H 2

« est encore souillée, et dont il est souvent la vic-
« time ! C'est dans la contemplation de ce tableau
« qu'il reçoit le prix de ses efforts pour les progrès
« de la raison, pour la défense de la liberté. Il ose
« alors les lier à la chaîne éternelle des destinées
« humaines ; c'est là qu'il trouve la vraie récom-
« pense de la vertu, le plaisir d'avoir fait un bien
« durable que la fatalité ne détruira plus par une
« compensation funeste, en ramenant les préjugés
« et l'esclavage. Cette contemplation est pour lui
« un asyle où le souvenir de ses persécuteurs ne
« peut le poursuivre, où, vivant par la pensée
« avec l'homme rétabli dans les droits et la dignité
« de sa nature, il oublie celui que l'avidité, la
« crainte ou l'envie tourmentent et corrompent ;
« c'est là qu'il existe véritablement avec ses sem-
« blables dans un élysée que sa raison a su se créer,
« et que son amour pour l'humanité embellit des
« plus pures jouissances. »

CHAPITRE IV.

Conclusion. Exposition de trois grands problêmes à la solution desquels je me propose d'appliquer la méthode et les principes établis dans cet ouvrage.

J'AI fait mes efforts pour développer clairement les moyens de former, ou si l'on veut de *construire*, de la manière la plus sûre et la meilleure, la tête et le cœur de l'homme, de déraciner complettement les erreurs et les préjugés (sources de tous nos maux), de donner aux sciences toute leur perfection et leur durée, à l'esprit humain toute sa force, à la raison toute sa pureté et son étendue, enfin à la vérité et à la justice tout leur empire, et par conséquent aussi à l'espèce humaine tout le bonheur dont elle est susceptible. Mais quoique dans cette espèce d'*anatomie de l'homme intellectuel et moral* j'aie peut-être réussi à porter avec le flambeau de l'analyse quelque jour nouveau dans le cahos de nos connoissances, dont j'ai fait reposer le système sur la base inébranlable de l'organisation humaine et le tableau précis des facultés qui en dérivent, je sens bien que l'on est en droit de m'observer qu'après avoir tracé le plan général du palais des sciences, je suis en quelque sorte resté dans le vestibule : à cela je réponds qu'il m'a fallu d'abord composer le fil destiné à me conduire dans les détours du labyrinthe, avant de montrer à l'œil tous les compartimens, tous les détails de cette vaste machine ; il m'a fallu sonder et préparer le sol avant de pouvoir y marcher avec promptitude et sécurité : maintenant que je crois m'être fait une méthode générale et sûre, je pourrai l'appliquer à la solution de toutes sortes de problèmes.

Parmi le grand nombre de ceux qui s'offrent en foule à mon esprit, j'ai choisi les trois suivans comme les plus importans, les plus analogues à mes connoissances actuelles, à mes goûts et à mon état ; je les ai énoncés à la fin de mon discours préliminaire, je vais les exposer ici avec plus de détail.

PREMIER PROBLÊME.

Présenter avec un maximum *de liaison, de simplicité et de laconisme, les élémens de toutes les sciences devant servir de base à l'éducation, et dont l'ensemble doit former un cours d'études complet, ou une sorte d'encyclopédie élémentaire et analytique.*

L'éducation devant créer des hommes instruits dans tous les genres, et former une nombreuse pépinière de bons esprits et de cœurs honnêtes pour les divers besoins de la société, je ne vois pas de projet plus noble et plus utile que de chercher à conduire les hommes à ce but par la voie la plus

courte et dans le moins de tems possible , et en
diminuant les épines et les dégoûts de l'étude , les
mettre à même de parcourir une plus longue carrière de jouissances.

Pour cela il doit être composé par les meilleurs
esprits une série d'ouvrages élémentaires et analytiques où les idées soient développées dans l'ordre
le plus simple et le seul bon , celui de leur génération naturelle : il est même à desirer qu'un pareil
ouvrage soit conçu et rédigé par une seule tête ,
pour que le fil conducteur de la méthode analytique
soit par-tout le même , ce qui ne pourroit guère
avoir lieu dans la supposition contraire. — Ce que
tant d'autres eussent pu faire sans doute beaucoup
mieux que moi, j'ai seul entrepris de l'exécuter.
J'ai donc formé le projet, en composant cette introduction , de la faire suivre d'un ouvrage dont
celui-ci n'est en quelque sorte que la préface, et qui
devra renfermer la somme des traités précités , pré-
sentés avec un développement suffisant pour mettre
les jeunes gens sur la route de toutes les découvertes, mais non pour leur en offrir tous les détails,
car il est bon de laisser à leur tête une sphère d'activité,
un champ libre où elle puisse s'exercer ; d'ailleurs l'es-
sentiel est d'apprendre à penser et de faire penser, ce
que l'on obtient en exerçant beaucoup plus la réflexion que la mémoire : ainsi l'ouvrage en question
devra présenter sur chaque partie une liste ou tableau de problêmes toujours résolus par une marche
simple et analytique, et être suivi d'un tableau de

H 4

problêmes à résoudre , qui ne seront en quelque sorte que des conséquences naturelles des premiers. Un pareil ouvrage , s'il étoit bien fait, en épargnant à la jeunesse une grande perte de tems , employé souvent à feuilleter beaucoup de traités volumineux , mal rédigés et peu pensés , et à ses instituteurs la peine assez grande d'enseigner des ouvrages mal faits , diffus ou mal digérés , pleins d'expressions mal déterminées , de démonstrations qui pourroient se simplifier et se trouver bien plus aisément par *l'analyse* , cette méthode unique qui, en remontant à la génération de tout , fait que presque toujours l'on trouve tout sans peine et sans efforts , pourroit (en abrégeant le plus possible le tems de l'instruction) mettre les élèves en état de se former de bonne heure au talent des découvertes , au lieu de remplir leur tête d'un grand nombre de faits historiques , physiques , géographiques , mythologiques , etc. , bien moins précieux par leur nombre que par la liaison établie entre toutes les vérités , et propre à faire de leur ensemble un traité régulier et pratique de l'art de penser et de raisonner.

Mon but , en m'occupant toute ma vie de cet ouvrage , est, comme je l'ai dit ailleurs , de refaire peu-à-peu le dictionnaire ou la langue des sciences (au moins des principales , des plus utiles) , et de lui donner toute la simplicité , l'exactitude et la précision dont elle est susceptible. — En un mot , renfermer le plus de choses dans le moins d'espace possible , les ranger toutes dans l'ordre de leur mutuelle génération ; ne faire de l'ensemble de tous ces traités qu'un seul problême, une science unique comme le système de nos facultés (régulières) ; prouver par le fait que la marche de l'esprit humain est la même sur quelque partie de nos connoissances qu'il s'exerce ; et confirmer ainsi, par des applications multipliées, tout ce que contient cette introduction ; accroître le levier de l'intelligence humaine, en régularisant la force pensante et augmentant la faculté de bien voir ; élaguer du plan général d'instruction les obscurités, les longueurs, les contradictions, les préjugés et les erreurs ; enfin faciliter au plus grand nombre d'esprits et propager l'étude des sciences, en présentant le tableau de leurs élémens sous le plus petit volume et dans la forme la plus simple, en montrant en même tems la liaison existante entre toutes ces branches d'un même arbre entées sur un même tronc, ainsi que le mutuel appui qu'elles se prêtent ; voilà le but que je me propose.

DEUXIÈME PROBLÊME,

*Relatif à l'organisation des mondes , et particulière-
ment du systéme solaire ; et dont le but est d'expliquer deux choses regardées jusqu'ici comme inexplicables , 1°. la cause de la force tangentielle des
planètes ; 2°. celle de leurs mouvemens d'occident
en orient.*

Après avoir analysé les deux grandes forces l'*intelligence* (ou force pensante) et la *volonté* (ou
force motrice des corps sensibles) , d'où dérivent
les lois du monde moral , j'ai eu le desir et formé
le projet d'analyser de même les deux grandes
forces d'où naissent les lois de l'univers matériel ,
l'*attraction* (ou pesanteur universelle) et le *calorique*,
forces supérieures, immenses , infinies ; causes pro-
ductrices de l'organisation des minéraux , des végétaux et des animaux , etc. ; en un mot , de remonter à la génération du monde physique , et d'en
poser les fondemens d'une main hardie , comme je
crois l'avoir fait pour le premier ; et pour cela , je
me suis proposé le problême suivant.

*Trouver une hypothèse dont tous les faits astrono-
miques , physiques et géographiques ne soient que les
conséquences ; de sorte que si on dresse un tableau
exact de celles-ci , et que l'on en forme à côté un second renfermant toutes les données actuelles de l'observation , ces deux tableaux se trouvent être les*

mêmes : d'où l'on concluera rigoureusement que l'hypothèse en question est l'expression des lois du monde. Car c'est une chose évidente en mathématiques 1°. que toute hypothèse peut toujours être supposée exprimée par une équation ou par plusieurs équations ; 2°. que l'on ne peut tirer de deux ou plusieurs équations différentes les mêmes conséquences, et réciproquement d'un même système d'équations des conséquences différentes. L'on devra donc nécessairement convenir que si les faits donnés par l'observation et produits par une force inconnue dont on cherche à calculer la loi par une hypothèse, sont les mêmes que ceux dérivés des conséquences rigoureuses de l'équation ou du système d'équations exprimant cette même hypothèse, la loi trouvée et calculée est la véritable.

Copernic et Newton sont les premiers qui aient donné en partie la solution de ce problême, en nous montrant l'un les mouvemens réels de la grande machine du monde, et l'autre les vrais effets et la prodigieuse étendue de cette force agissante dans l'immensité de l'espace en tout tems, en tout sens, et à toutes distances, *en raison directe des masses et en raison inverse du carré des distances*, et faisant décrire aux planètes, etc.., des courbes fermées suivant une loi telle que le *carré du rapport des tems de leurs révolutions périodiques est égal au cube du rapport des grands axes de leurs orbites.*

La pesanteur est bien un des élémens de la

force totale qui anime ce système de corps tournant autour du soleil qui les retient par la puissante supériorité de sa masse ; mais le second élément de cette force, la *vitesse tangentielle* est demeurée inconnue à Newton lui-même.

Descartes, dans son système des tourbillons, a montré sans doute un beau génie ; mais le principal mérite de cette brillante production est d'avoir guidé Newton dans la route de la vérité, en démontrant l'insuffisance du système de son prédécesseur.

Le brillant et audacieux Buffon, dont on a dit *majestati naturae par ingenium*, a essayé à son tour d'arracher à la Nature son secret ; mais son hypothèse, par malheur, s'est trouvée contraire aux principes généraux de la mécanique et au peu d'excentricité des orbites planétaires ; aucun géomètre ou philosophe n'a, je pense, tenté depuis avec succès la solution du même problème.

J'ai donc cru pouvoir chercher si, en combinant les principes de la dynamique avec les deux grandes forces précitées (l'attraction et le calorique), l'on ne pourroit pas remonter jusqu'à la véritable origine des mouvemens de ces grands corps ou systèmes de corps semés çà et là dans l'espace à de grandes distances, et sur l'un desquels nous nous trouvons naître, vivre et mourir.

J'espère pouvoir bientôt mettre le public astronome et géomètre à portée de juger si j'ai été plus hardi que Newton, et plus heureux que Buffon et

Descartes, en publiant mon essai sur la solution du plus beau problème auquel puisse s'élever l'esprit humain, essai existant déja depuis longtems, quoique très-imparfait, dans mon porte-feuille, et dont je ne parle ici que comme d'une pièce justificative servant à constater les droits que j'aurois à cette découverte, si le public savant, auquel je soumettrai mes idées, jugeoit que c'en fut une. — Au reste c'est, les yeux fixés d'un côté sur la Mécanique analytique de d'Alembert et de Lagrange, et de l'autre sur la Mécanique céleste d'Euler et de Laplace, que je vérifierai toutes les parties de mon hypothèse appliquée aux faits ; et s'il en est quelqu'un auquel elle se trouve contraire, je conviendrai, avec toute la naïveté et la bonne foi qui doivent caractériser un philosophe, que je n'ai fait qu'un système : dans le cas contraire, je m'applaudirai d'avoir fait faire un nouveau pas à l'esprit humain.

TROISIÈME PROBLÊME.

Déterminer si et jusqu'à quel point , dans l'état actuel de nos connoissances mathématiques , hydrauliques et mécaniques , l'architecture navale est encore susceptible de perfection , et poser les limites que dans l'état présent des choses elle ne sauroit outrepasser.

Quelque beau que soit le problème précédent ; quelqu'honneur que puissent se promettre de sa solution tous les hommes de génie qui ont cherché ou chercheront à le résoudre ; quelqu'éclat qu'elle pût répandre sur les productions de l'esprit humain dont elle est si propre à satisfaire l'avide curiosité et à démontrer les forces, l'on ne peut néanmoins se dissimuler que l'espèce humaine n'en doit pas retirer un bien grand avantage ; et que si l'on doit un assez grand tribut d'admiration à ceux qui l'auront obtenue, l'on doit peut-être un plus haut degré de reconnoissance et d'estime au philosophe qui s'occupe des découvertes - pratiques utiles à l'homme, ou du perfectionnement des sciences et des arts mécaniques, qui mènent directement à l'accroissement de la félicité publique.

Parmi les arts propres à conduire à ce but, il en est un qui peut le faire plus efficacement que tout autre : c'est celui qui se propose la formation de ces grands corps flottans, créés par le besoin, la cupidité, l'ambition, l'audace et le génie de l'homme ; c'est *le grand art des constructions navales.*

Assemblage sublime de la physique, des sciences mathématiques, et de presque tous les arts mécaniques ; principal élément de la force des états maritimes (c'est-à-dire, de la plupart des états) ; premier fondement du commerce ou des relations des parties d'un même pays et des divers peuples du globe entre eux, il a plus fait lui seul pour les progrès de la civilisation et de nos connoissances (sur-tout en géographie, ou histoire naturelle, en astronomie et en politique), que tous les autres arts ensemble, dont les principaux concourent à sa formation, et auxquels il a dû, ainsi qu'aux sciences exactes, les moyens de se développer, de s'aggrandir, et d'arriver à ce degré de perfection qui est le résultat actuel des lumières de l'Europe et même de toutes les nations.

La question que je me suis proposée enveloppe donc tout l'art de la marine, toute la science navale, et j'espère la traiter avec tout le soin, l'étendue et la prédilection qu'on est en droit d'attendre d'un ingénieur-géomètre : j'espère démontrer sans réplique que j'aurois pu faire gagner plusieurs millions à l'état, et perfectionner sa marine, si un homme, dont le nom est l'*expression du crime* (1), ne m'eût (par un honteux abus du pouvoir) privé à trente-deux ans de l'honneur de servir mon pays dans un état auquel j'ai consacré ma jeunesse.

---

(1) Voyez tome II, page ix de la préface.

Mon profond respect pour la vérité et pour l'illustre chef du Gouvernement, m'oblige de dire qu'un arrêté du premier Consul (du 21 messidor an 9) m'*appelle à jouir de ma pension de retraite* ; mais jusqu'à ce jour cet arrêté est demeuré sans exécution, et je me vois (contre toute raison, toute justice, contre le vœu de la loi et de Bonaparte) privé à-la-fois de mon état et de la solde de retraite correspondante à mon grade et au rang de capitaine de vaisseau, dont j'ai joui durant les cinq dernières années que j'ai passées au service.

Je soumets au jugement du public cette violation de toutes les lois à mon égard.

Telle est la tâche hardie que je me suis imposée, et le plan du travail qui doit m'occuper toute ma vie ; je ne me dissimule pas tout ce qu'a d'effrayant un projet dont l'exécution n'exige rien moins que le récensement complet des idées humaines, et des signes par lesquels les hommes ont su les exprimer et les multiplier ; je sens combien est supérieure aux forces d'un seul homme une entreprise qui a pour but de répandre sur le globe entier des sciences les lumières de l'analyse, à-peu-près comme le soleil éclaire successivement d'un même jour (quoique variable pour les différentes contrées) les divers points du globe terrestre. Je ne me cache point la grandeur des difficultés et des obstacles que j'aurai à vaincre pour ne faire qu'ébaucher cet immense travail ; mais outre que d'autres pourront aller plus loin que moi, la beauté de l'entreprise et l'utilité qui doit en résulter pour l'espèce humaine, sinon par l'entière extinction, au moins par l'affoiblissement graduel des erreurs et des préjugés, par la circulation plus générale et plus rapide de l'instruction, et l'accroissement de bonheur de l'homme qui doit en être la suite et l'effet, soutiendront, je l'espère, mon courage : j'irai du moins aussi loin que je pourrai ; affranchi de toute crainte et de toute espérance, *sine irâ et studio, quorum causas procul habeo* ; prenant pour devise *paix et peu*, je continuerai à *sculpter d'une*

main

main libre et ferme la statue de la vérité ; je ne m'arrêterai que par l'entier épuisement de mes forces et de ma vie , et je ne mourrai pas sans avoir fait tous mes efforts pour payer de mon mieux l'honorable dette que tout bon citoyen contracte en naissant envers sa patrie et l'humanité , et laisser à la France , à l'Europe et à la postérité un monument digne d'un homme et d'un Français.

Je crains, je l'avoue, en parlant ainsi, de m'être trop laissé séduire par le passage suivant de l'immortel chancelier Bacon : ce beau génie termine ainsi ses vues générales sur la restauration des sciences.

« Enfin , s'il reste dans quelques ames du zèle
« pour le bien des hommes , et de la compassion
« pour leurs maux ; s'il y en a qui aiment la vé-
« rité , et qui sentent toutes les divines impres-
« sions de la Nature , on les conjure par tout ce
« qu'il y a de grand , d'utile et de glorieux parmi
« les hommes , de renoncer à leurs préjugés , de
« dépouiller l'orgueil de l'école , et d'entrer dans
« la contemplation de l'univers avec un esprit et
« des vues épurées ; que ces philosophes ne rougis-
« sent pas de redevenir enfans pour étudier les élé-
« mens et les vrais principes des choses ; qu'ils
« emploient toutes les ressources de l'âge et de la
« raison pour agir, laissant le soin des paroles aux
« deux enfances de la vie humaine ; puissent-ils
« vivre longtems , et mourir dans l'étude de la
« Nature. »

Tome III.   I

Il dit ailleurs : « que l'homme dépose ses préjugés,
« et qu'il approche de la Nature avec des yeux et
« des sentimens purs tels qu'une vierge modeste a
« le don d'en inspirer ; il la contemplera dans toute
« sa beauté et méritera de jouir du détail de ses
« charmes. »

Au reste, quel que soit le sort de mes ouvrages
et l'opinion du public sur eux, il me restera au
moins le plaisir de les avoir faits ; si la culture des
arts et des sciences ne donne pas toujours la gloire
ou la célébrité (et encore moins la fortune), elle
donne à coup sûr le bonheur, et c'est beaucoup. Je
suis, quant à moi, si persuadé de cette utile vérité,
que je compte pour assez peu de chose toutes les
jouissances de ma vie passée, quand je les compare
à celles que je dois aux paisibles méditations auxquelles j'ai pu me livrer depuis quelque tems : plus
d'une fois, en m'y abandonnant, j'ai senti avec
émotion la douce vérité contenue dans ce vers de
Virgile :

Felix qui potuit rerum cognoscere causas.

Comme lui je me suis dit plus d'une fois :

Me primum vero dulces ante omnia musæ
Quarum sacra fero, ingenti perculsus amore,
Accipiant, cœlique vias et sydera monstrent (1).

---

(1) En parlant ici du tranquille et facile bonheur que je me
promets de goûter dans l'étude des sciences, qu'il me soit

permis de nommer le respectable et cher ami qui m'en a le premier ouvert la carrière.

J'avois fait dans la très-célèbre université de Caen ce qu'on appeloit alors d'*excellentes humanités*; j'avois même, qui pis est, fait mes deux années de philosophie sous le plus intrépide des scholastiques; et j'ignorois encore ce que c'est que *penser*, ce que sont la *science*, la *vraie philosophie*, la *raison* et la *vérité* quand, par bonheur, je résolus de suivre le cours public de mathématiques du C. Le Canu, médecin philosophe, que d'Alembert honoroit d'une correspondance et d'une considération particulières, dont les soins, le zèle et l'attachement (vraiment paternels) pour ses élèves ont donné à l'état un assez grand nombre de sujets distingués, et à qui je dois le premier développement de ma raison. J'espère que sa modestie ne rejettera pas ce témoignage public de ma reconnoissance et de mon amitié, ou plutôt cet hommage rendu à la vérité, et qui n'est que l'expression des sentimens des nombreux élèves qu'il a formés dans les sciences mathématiques, la physique et la médecine, qu'il a professées tour-à-tour et avec la même distinction durant environ trente ans, sans avoir retiré de ses longs et utiles travaux d'autre récompense que celle qui naît du plaisir d'avoir fait des heureux, et d'avoir bien servi l'état. — Puisse un gouvernement juste lui accorder enfin la pension de retraite qu'il a si bien méritée!

Fin du tome troisième et dernier.

ERRATA.

Page 37, ligne 5, de ce chapitre, *lisez* de ce volume.
Pag. 41, lig. 25, dynamique, *lisez* mécanique.
Pag. 89, lig. 22, *ruinæque*, lisez *minæquo*.

TABLEAU SYNOPTIQUE DES CONNOISSANCES HUMAINES,
OU
MAPPEMONDE PHILOSOPHIQUE DES SCIENCES ET DES ARTS,

Composée et publiée en l'an 11 (1802) par P. T. LANCELIN.

NATURE (*OU UNIVERS RÉEL*) ET PRODUITS REGULIERS DE LA FORCE (*OU FACULTÉ*) PENSANTE.

Nota. Il n'existe, il ne peut exister qu'une science réelle, *celle de la Nature*, mais qui, envisagée sous ses points de vue principaux, peut offrir les divisions suivantes :

FORCES ET PROPRIÉTÉS PRIMITIVES DE LA MATIÈRE.

- Impénétrabilité.
- Étendue.
- Inertie.
- Mobilité.
- Durée.
- Pesanteur universelle (ou tendance réciproque de toutes les parties de la matière).
- Attractions électives (ou affinités chimiques), d'où force d'aggrégation.
- Prise d'impression.
- Action du calorique, etc.
- Sensibilité.
- Force vitale.
- Contractance (ou irritabilité et contractilité musculaires).
- Mémoire.
- Intelligence, ou force pensante.
- Volonté.

(Colonne de gauche — élémens et principes primitifs : Soleil, Terre, Lune, planètes et leurs Satellites, comètes, etc.; fluide électrique, fluide magnétique, fluide galvanique, etc. — liste en grande partie illisible.)

SCIENCES PRIMITIVES NAISSANTES DE LA DESCRIPTION DES CORPS ET DE LA CLASSIFICATION DES OBJETS ET DES FAITS.

COSMOLOGIE et COSMOGRAPHIE offrant la description et l'histoire de l'univers, et se divisant en :

- Uranologie et Uranographie.... Offrant la description et l'histoire des astres.
- Géographie ou description complète du globe, qui se divise en :
  - Géologie et géographie (proprement dite)... Offrant la description et l'histoire de la terre ferme.
  - Hydrologie et hydrographie... Offrant la description et l'histoire des eaux.
  - Aérologie et aérographie... Offrant l'histoire et la description de l'air.

ZOOLOGIE offrant la description et l'histoire des êtres vivans (ou des animaux), et se divisant en :

- Histoire des mammifères,
- des oiseaux, (l'ornithologie).
- des reptiles,
- des poissons (l'ichthyologie), etc.
- des mollusques,
- des insectes,
- des vers,
- des crustacés,
- des zoophytes.

Ces neuf divisions se réduisent à trois principales; 1°. celle des animaux à sang rouge et chaud (ou mammifères et les oiseaux); 2°. celle des animaux à sang rouge et froid (les reptiles et les poissons); 3°. celle des animaux à sang blanc (les mollusques, les crustacés, etc.).

- Les deux premières classes n'en forment qu'une encore, celle des animaux vertébrés... { Vivipares. / Ovipares. }
- La dernière est celle des animaux sans vertèbres.

BOTANIQUE offrant la description et l'histoire des végétaux, et se divisant en :

- Botanique économique qui contient... L'agriculture. Le jardinage.
- Botanique philosophique. Anatomie végétale. Physique (ou physiologie) végétale.

MINÉRALOGIE offrant la description et l'histoire des minéraux, et se divisant en :

- Métallurgie (qui traite des métaux en grand).
- Docimasie (qui traite des métaux en petit).
- Lithologie (qui traite des pierres et de leur formation, etc.).
- Cristallographie (qui traite des cristaux et de leur formation).
- Oryctologie (qui s'occupe en général des fossiles).
- Conchyliologie (qui traite des coquillages).

MÉTÉOROLOGIE offrant la description et l'histoire des météores :

- Nuages.
- Pluie.
- Grêle.
- Neige.
- Tonnerre.
- Arc-en-ciel.
- Globes de feu, etc.

CHIMIE. Science réelle de la nature, qui se propose, 1°. de décomposer les corps (ou d'assigner avec préci-...

SCIENCE DE L'HOMME.

ANATOMIE offrant le tableau de toutes les parties solides et liquides d'où résulte la construction et le jeu des machines vivantes, et particulièrement du corps humain. Elle comprend :

- L'anatomie de l'homme,
- L'anatomie des animaux,...

  { Qui contient, comme la zoologie, et renferme celle de l'homme, celle des mammifères, celle des oiseaux, celle des reptiles, celle des poissons, et... l'anatomie comparée de toutes les parties du règne animal sans laquelle l'anatomie humaine ne peut arriver à sa perfection. }

PHYSIOLOGIE ou physique expérimentale du corps humain...

Elle considère le jeu de toutes les parties de la machine humaine et des corps vivans : elle analyse les fonctions et les forces vitales dans l'état de maladie et de santé; elle s'occupe à former le tableau des changemens que la différence des climats, des âges, des sexes, des tempéramens doit apporter dans les corps vivans et sensibles, ainsi que dans l'état de leurs facultés, pour en conclure l'influence générale et réciproque du physique sur le moral et du moral sur le physique.

MÉDECINE. La vraie médecine basée sur l'ensemble des sciences d'observation (l'anatomie, la physiologie, la botanique, la minéralogie, la chimie et la physique), cherche à fixer ou à rétablir dans le corps humain ce précieux état qu'on nomme *santé*, résultant d'un heureux équilibre dans toutes les parties de la machine : considérée par rapport aux principaux problèmes qui peuvent la conduire à ce but, elle se divise en :

- Hygiène.
- Pathologie.
- Séméiotique.
- Thérapeutique... { Diète. / Pharmacie. / Chirurgie. }

IDÉOLOGIE.

Cette science, en remontant à la génération de toutes nos connoissances, offre le tableau des *sensations*, des *idées*, des *habitudes* et des *facultés humaines*. Pour la compléter il manque une *idéologie comparée* offrant le rapport des facultés intellectuelles et morales des animaux, comme l'anatomie comparée offre celui des parties de leur corps.

GRAMMAIRE universelle.

Cette science, qui offre la *théorie générale des signes* représentatifs de nos idées, contient l'analyse philosophique des langues. Ses principes appliqués ensuite à chaque langue... et d'autres systèmes de grammaires particulières (grecque, latine, française, anglaise, etc.).

Nota. On pourroit la regarder comme une branche de la philosophie avec laquelle elle est étroitement unie.

On peut rapporter à la grammaire la langue des sourds-muets, la *tachigraphie*, la *pasigraphie*, la *télégraphie*, la science...

Ce sont là les élémens primitifs que l'observation a dû d'abord faire reconnaître; mais les sens de l'homme secondés par les instrumens, ont pu ensuite aller plus loin. L'atmosphère n'a plus été un fluide simple et homogène, mais un mélange de gaz ou substances aériformes (d'oxygène, ...); l'eau décomposée et recomposée, n'a plus été... la combinaison de deux fluides (l'oxygène et ...); enfin la portion solide du globe mieux analysée présente aujourd'hui environ 40 substances composantes : *platine, or, argent, cuivre, fer, plomb, étain, ... mercure, tellure, antimoine, bismuth, manganèse, nickel, cobalt, urane, titane, chrome, molybdène, tung-...*

TABLEAU SYNOPTIQUE DES CONNOISSANCES HUMAINES,

OU

MAPPEMONDE PHILOSOPHIQUE DES SCIENCES ET DES ARTS,

Composée et publiée en l'an 11 (1802) par P. F. Lancelin.

NATURE (*OU UNIVERS RÉEL*) ET PRODUITS REGULIERS DE LA FORCE (*OU FACULTÉ*) PENSANTE.

Nota. Il n'existe, il ne peut exister qu'une science réelle, *celle de la Nature*, mais qui, envisagée sous ses points de vue principaux, peut offrir les divisions suivantes :

ÉLÉMENS DE L'UNIVERS, OU TABLEAU DES CORPS NATURELS.

CORPS CÉLESTES.
Le Soleil. La Terre. La Lune. Mercure. Vénus. Mars. Jupiter et ses Satellites. Saturne et ses Satellites. Uranus et ses Satellites. Les Comètes. Les Étoiles et groupes d'Étoiles nommés Constellations.

GLOBE TERRESTRE.
Masse solide, ou noyau du globe; (Terre proprement dite). Masse liquide; ou Océan. Masse fluide; ou Atmosphère.
Animaux. Végétaux. } Matière vivante.
Minéraux, etc. } Matière brute ou inanimée.

ÉLÉMENTAIRES TERRESTRES.
Lumière. Calorique. Fluide électrique. Fluide magnétique. Fluide galvanique, etc., etc.

Ce sont là les élémens primitifs que l'observation a dû d'abord faire reconnoître; mais les sens de l'homme secondés par les instrumens, ont pu ensuite aller plus loin. L'atmosphère n'a plus été un fluide simple et homogène, mais un mixte que [illegible] substances adéforment (d'oxygène, d'azote, etc.). L'eau décomposée et recomposée, n'a plus été qu'une combinaison de deux fluides (l'oxygène et l'hydrogène). Enfin la portion solide du globe nous a [illegible] présente aujourd'hui environ 40 substances homogènes (platine, or, argent, cuivre, fer, plomb, étain, [illegible] mercure, tellure, antimoine, bismuth, manganèse, [illegible]).

FORCES ET PROPRIÉTÉS PRIMITIVES DE LA MATIÈRE.

(FORCES ET PROPRIÉTÉS COMMUNES À TOUS)
Impénétrabilité. Étendue. Inertie. Mobilité. Durée. Pesanteur universelle (ou tendance réciproque de toutes les parties de la matière). Attractions électives (ou affinités chimiques), d'où force d'agrégation. Force d'imputation. Action du calorique; etc.

(FORCES ET PROPRIÉTÉS DES CORPS VIVANS)
Sensibilité. Force vitale. Galvanisme (ou irritabilité et contractilité musculaires). Motilité. Intelligence, ou force pensante. Volonté.

SCIENCES PRIMITIVES NAISSANTES DE LA DESCRIPTION DES CORPS ET DE LA CLASSIFICATION DES OBJETS ET DES FAITS.

COSMOLOGIE et COSMOGRAPHIE offrant la description et l'histoire de l'univers, et se divisant en......
- Uranologie et Uranographie..... } Offrant la description et l'histoire des astres.
- Géographie ou description complette du globe, qui se divise en......
  - Géologie et géographie (proprement dite).............. Offrant la description et l'histoire de la terre ferme.
  - Hydrologie et hydrographie....... Offrant la description et l'histoire des eaux.
  - Aérologie et aérographie........ Offrant l'histoire et la description de l'air.

ZOOLOGIE offrant la description et l'histoire des êtres vivans (ou des animaux), et se divisant en..........
- Histoire des mammifères.
- — des oiseaux. (ornithologie).
- — des reptiles.
- — des poissons. (ichthyol.), etc.
- — des mollusques.
- — des insectes.
- — des vers.
- — des crustacés.
- — des zoophites.

Ces neuf divisions se réduisent à trois principales; 1°. celle des animaux à sang rouge et chaud (les mammifères et les oiseaux); 2°. celle des animaux à sang rouge et froid (les reptiles et les poissons); 3°. celle des animaux à sang blanc (les mollusques, lucrustacés, etc.). Les deux premières classes n'en forment qu'une encore plus générale, celle des animaux vertébrés....... { Vivipares. Ovipares. La dernière est celle des animaux sans vertèbres.

BOTANIQUE offrant la description et l'histoire des végétaux, et se divisant en..........
- Botanique économique qui contient....... { L'agriculture. Le jardinage.
- Botanique philosophique....... { Anatomie végétale. Physique (ou physiologie) végétale.

MINÉRALOGIE offrant la description et l'histoire des minéraux, et se divisant en..........
- Métallurgie (qui traite des métaux ou grand).
- Docimasie (qui traite des métaux en petit).
- Lithologie (qui traite des pierres et de leur formation, etc.).
- Cristallographie (qui traite des cristaux et de leur formation).
- Oryctologie (qui s'occupe en général des fossiles).
- Conchyliologie (qui traite des coquillages).

MÉTÉOROLOGIE offrant la description et l'histoire des météores..........
- Nuages. Pluie. Grèle. Neige. Tonnerre. Arc-en-ciel. Globes de feu, etc.

CHIMIE. Science rivale de la nature, qui se propose, 1°. de décomposer les corps (ou d'assigner avec préci[illegible]

SCIENCE DE L'HOMME.

ANATOMIE offrant le tableau de toutes les parties solides et liquides d'où résulte la construction et le jeu des machines vivantes, et particulièrement du corps humain. Elle comprend..
- L'anatomie de l'homme,
- L'anatomie des animaux...... { Qui contient neuf divisions, comme la zoologie, et renferme celle des mammifères (moins celle de l'homme), celle des oiseaux, celle des reptiles, celle des poissons, etc., d'où résulte l'anatomie comparée de toutes les parties du règne animal, sans laquelle l'anatomie humaine ne peut arriver à sa perfection.

PHYSIOLOGIE ou *physique expérimentale du corps humain*... Elle considère le jeu de toutes les parties et des corps vivans: elle analyse les fonctions et les forces vitales dans l'état de maladie et de santé; elle s'occupe à former le tableau des changemens que la différence des climats, des alimens, des âges, des sexes, des tempéramens doit apporter dans les corps vivans et sensibles, ainsi que dans l'état de leurs facultés; pour en conclure l'influence générale et réciproque du physique sur le moral et du moral sur le physique.

MÉDECINE. La vraie médecine basée sur l'ensemble des sciences d'observation (l'anatomie, la physiologie, la botanique, la minéralogie, la chimie et la physique), cherche à fixer ou à rétablir dans le corps humain ce précieux état qu'on nomme *santé*, résultant d'un heureux équilibre dans toutes les parties de la machine: considérée par rapport aux principaux problèmes qui peuvent la conduire à ce but, elle se divise en......
- Hygienne.
- Pathologie.
- Séméiotique.
- Thérapeutique.............. { Diète. Pharmacie. Chirurgie.

IDÉOLOGIE................. Cette science, en remontant à la génération de toutes nos connoissances, offre le tableau des *sensations*, des *idées*, des *sentimens*, des *habitudes* et des *facultés humaines*. Pour la completter il nous manque une *idéologie comparée* offrant le rapport des facultés intellectuelles et morales des animaux, comme l'*anatomie comparée* offre celui des parties de leur corps.

GRAMMAIRE GÉNÉRALE. Cette science, qui offre la *théorie générale des signes représentatifs de nos idées*, contient l'analyse philosophique de toutes les langues. Ses principes appliqués ensuite à chacune de celles-ci, [illegible] les divers systèmes de grammaires particulières (grecque, latine, française, anglaise, etc.). Aussi, On pourroit la regarder comme une branche de l'idéologie, avec laquelle elle est étroitement unie. On peut rapporter à la grammaire la langue des *sourds-muets*, la *ténographie*, la *pasigraphie*, la *télégraphie*, la science des [illegible], etc.

CORPS CÉLESTES
- Vénus.
- Mars.
- Jupiter et ses Satellites.
- Saturne et ses Satellites.
- Uranus et ses Satellites.
- Les Comètes.
- Les Étoiles et groupes d'Étoiles nommés *Constellations*.

GLOBE TERRESTRE
- Masse solide, ou noyau du globe, (*Terre proprement dite*).
- Masse liquide, ou *Ocean*.
- Masse fluide, ou *Atmosphère*.

SUBSTANCES TERRESTRES
- Animaux. } Matière
- Végétaux. } vivante.
- Minéraux, etc. { Matière brute et inanimée.

FLUIDES ÉLÉMENTAIRES
- Lumière.
- Calorique.
- Fluide électrique.
- Fluide magnétique.
- Fluide galvanique, etc., etc.

FORCES ET PROPRIÉTÉS COMMUNES
- Durée.
- Pesanteur universelle (ou tendance réciproque de toutes les parties de la matière).
- Attractions électives (ou affinités chimiques), d'où force d'aggrégation.
- Force d'impulsion.
- Action du calorique, etc.

FORCES ET PROPRIÉTÉS DES CORPS VIVANS
- Sensibilité.
- Force vitale.
- Galvanisme (ou irritabilité et contractilité musculaires).
- Motilité.
- Intelligence, ou force pensante.
- Volonté.

Ce sont là les élémens primitifs que l'observation a dû d'abord faire reconnoître ; mais les sens de l'homme secondés par les instrumens, ont pu ensuite aller plus loin. L'atmosphère n'a plus été un fluide simple et homogène, mais un amas de gaz ou substances aériformes (d'oxygène, d'azote, etc). L'eau décomposée et recomposée, n'a plus offert qu'une combinaison de deux fluides (l'oxygène et l'hydrogène). Enfin la portion solide du globe mieux analysée présente aujourd'hui environ 40 substances homogènes (platine, or, argent, cuivre, fer, plomb, étain, zinc, mercure, tellure, antimoine, bismuth, manganèse, nickel, cobalt, urane, titane, chrome, molybdène, tungstène, arsenic, scrutinium, soude, potasse, baryte, chaux, magnésie, yttria, glucine, zircone, alumine, silice, soufre, phosphore, carbone, etc.) et ce nombre d'éléments peut encore s'accroître de jour en jour : car les corps que nous nommons simples dans l'état actuel de l'analyse matérielle, ne sont que des substances indécomposables, mais qu'un art plus subtil ou plus parfait peut décomposer encore.

Nota. A côté de l'univers on doit naturellement placer l'espace ou cette étendue immuable, immobile, infinie en tout sens (voyez première partie, pag. 93, etc.), dans laquelle nagent pour ainsi dire toutes les parties du grand Tout, ou de l'univers en action.

ZOOLOGIE offrant la description et l'histoire des êtres vivans (ou des animaux), et se divisent en...
- Histoire des mammifères.
- — des oiseaux. (ornithologie)
- — des reptiles.
- — des poissons. (ichthyol.)
- — des mollusques.
- — des insectes.
- — des vers.
- — des crustacés.
- — des zoophytes.

BOTANIQUE offrant la description et l'histoire des végétaux, et se divisant en...
- Botanique économique qui contient... { L'agriculture. Le jardinage.
- Botanique philosophique... { Anatomie végétale. Physique (ou physiologie) végétale.

MINÉRALOGIE offrant la description et l'histoire des minéraux, et se divisant en...
- Métallurgie (qui traite des métaux en grand).
- Docimasie (qui traite des métaux en petit).
- Lithologie (qui traite des pierres et de leur formation, etc.).
- Cristallographie (qui traite des cristaux et de leur formation).
- Oryctologie (qui s'occupe en général des fossiles).
- Conchyliologie (qui traite des coquillages).

MÉTÉOROLOGIE offrant la description et l'histoire des météores.
- Nuages.
- Pluie.
- Grêle.
- Neige.
- Tonnerre.
- Arc-en-ciel.
- Globes de feu, etc.

CHIMIE. Science rivale de la nature qui se propose, 1°. de décomposer les corps (ou d'assigner avec précision les éléments des substances naturelles) ; 2°. de les combiner entre eux à 2 à 2, 3 à 3, etc., de toutes les manières possibles, et de former le tableau général des produits nés de cette analyse et de ces combinaisons, d'où l'on puisse ensuite conclure les lois des attractions électives. On peut la diviser en...
- Chimie minérale.
- Chimie végétale.
- Chimie animale.

Physique générale. Science qui se propose d'assigner les lois du mouvement qui découlent des propriétés primitives de la matière sur le globe et dans l'espace céleste, et d'expliquer l'action réciproque et la marche de toutes les parties du grand corps de l'univers. Elle se divise naturellement en...
- Physique des corps solides.
- Physique des liquides.
- Physique des fluides.
- Physique céleste.
- Physique minérale.
- Physique végétale.
- Physique animale.

Ce sont là les sept points de vue principaux sous lesquels on peut envisager cette science, dont la chimie n'est évidemment qu'une des principales branches. On peut voir à l'article mathématiques les diverses sciences qui résultent de l'application du calcul à la physique.

Géographie ou description complète du globe, qui se divise en...
- Géologie et géographie (proprement dits)... Offrant la description et l'histoire de la terre ferme.
- Hydrologie et hydrographie... Offrant la description et l'histoire des eaux.
- Aérologie et aérographie... Offrant l'histoire et la description de l'air.

Ces neuf divisions se réduisent à trois principales ; 1°. celle des animaux à sang rouge et chaud (les mammifères et les oiseaux) ; 2°. celle des animaux à sang rouge et froid (les reptiles et les poissons) ; 3°. celle des animaux à sang blanc (les mollusques, les crustacés, etc.).

Les deux premières classes n'en forment qu'une encore plus générale, celle des animaux vertébrés... { Viviparés. Oviparés. La dernière est celle des animaux sans vertèbres.

Nota. A côté du tableau des produits réguliers de la nature, il faut placer celui de ses produits irréguliers ou de ses écarts (tels sont les végétaux et les animaux monstrueux, etc.). Il faut de plus former une liste des faits isolés ou de ces phénomènes naturels que la faiblesse de notre vue ou l'insuffisance de nos observations nous a fait nommer prodiges, lesquels peuvent s'opérer dans l'espace céleste, sur la terre, dans l'air et dans l'eau, et que nous devons nous efforcer de rattacher à quelqu'une des forces ou des lois connues de la Nature.

... et particulièrement du corps humain. Elle comprend...

L'anatomie des animaux... celle de l'anatomie, celle des oiseaux, celle des reptiles, celle des poissons, etc., d'où l'anatomie comparée de toutes les parties du règne animal, sans laquelle l'anatomie humaine ne peut arriver à sa perfection.

PHYSIOLOGIE ou *physique expérimentale du corps humain*... Elle considère le jeu de toutes les parties de la machine humaine et des corps vivans : elle analyse les fonctions et les forces vitales dans l'état de maladie et de santé ; elle s'occupe à former le tableau des changemens que la différence des climats, des alimens, des âges, des sexes, des tempéramens doit apporter dans les corps vivans et sensibles, ainsi que dans l'état de leurs facultés ; pour en conclure l'influence générale et réciproque du physique sur le moral et du moral sur le physique.

MÉDECINE. La vraie médecine basée sur l'ensemble des sciences d'observation (l'anatomie, la physiologie, la botanique, la minéralogie, la chimie et la physique), cherche à fixer ou à rétablir dans le corps humain ce précieux état qu'on nomme santé, résultant d'un heureux équilibre dans toutes les parties de la machine : considérée par rapport aux principaux problèmes qui peuvent la conduire à ce but, elle se divise en...
- Hygiène.
- Pathologie.
- Séméiotique.
- Thérapeutique... { Diète. Pharmacie. Chirurgie.

IDÉOLOGIE... Cette science, en remontant à la génération de toutes nos connoissances, offre le tableau des *sensations*, des *idées*, des *sentimens*, des *habitudes* et des *facultés humaines*. Pour la compléter il nous manque une *idéologie comparée* offrant le rapport des facultés intellectuelles et morales des animaux, comme l'*anatomie comparée* offre celui des parties de leur corps.

GRAMMAIRE universelle... Cette science, qui offre la *théorie générale des signes représentatifs de nos idées*, contient l'analyse philosophique de toutes les langues. Ses principes appliqués ensuite à chacune de celles-ci, offrent les divers systèmes de grammaires particulières (grecque, latine, française, anglaise, etc.).
Nota. On pourroit la regarder comme une branche de l'idéologie, avec laquelle elle est étroitement unie. On peut rapporter à la grammaire la langue des sourds-muets, la sténographie, la pasigraphie, la télégraphie, la science des hydroglyphes, le blason, etc.

LOGIQUE, ou *science des méthodes directrices de l'esprit humain*... Cette science qui se propose le plus heureux emploi des facultés de l'esprit, n'est en quelque sorte que la conséquence naturelle des deux sciences précédentes qui offrent la génération et l'analyse de ces facultés.
- Art d'observer.
- Art de raisonner et de penser.
- Art d'enseigner.

ÉDUCATION. Cette science qui a pour but la formation de toutes nos habitudes et le meilleur développement de nos facultés, peut se diviser en...
- Gymnastique (ou science des habitudes du corps).
- Instruction (ou science des habitudes de l'esprit).
- Morale élémentaire (ou science des habitudes du cœur).

MORALE universelle qui offre les rapports, les droits et les devoirs de tous les hommes, et se divise en...
- Morale de l'homme et du philosophe.
- Morale du citoyen.
- Morale du magistrat et de l'homme d'état.
- Morale des gouvernemens.
- Morale des peuples.

LÉGISLATION, ou science des lois et des institutions publiques...
- Jurisprudence naturelle (basée sur la raison, ou l'équité, et les principes de la morale universelle).
- Économie politique... { Administration intérieure et extérieure. Commerce intérieur et extérieur. }
Nota. L'éducation est, comme on voit, une partie essentielle de la législation.

HISTOIRE ET CHRONOLOGIE. Ces deux sciences formant un élément commun à toutes les sciences, offrent la série des faits naturels rapportés au mouvement des astres (pris pour unité fondamentale de la mesure du tems), et comprennent...
- Histoire des corps célestes.
- Histoire du globe.
- Histoire de l'homme divisée en... { Civile. Littéraire. Militaire. }

SCIENCES MATHÉMATIQUES ET PHYSICO-MATHÉMATIQUES
Naissantes de l'expression analytique des quantités et des opérations de l'esprit sur la portion mesurable de nos idées.

ARTS MÉCANIQUES
(Action de l'homme sur la matière) ET INDUSTRIE HUMAINE

BEAUX ARTS ET BELLES LETTRES

VRAIE MÉTAPHYSIQUE ET VRAIE PHILOSOPHIE
ou ANALYSE UNIVERSELLE
(Science résultante de toutes les sciences et de tous les arts qui lui servent de base, et dont elle est à son tour la régulatrice).

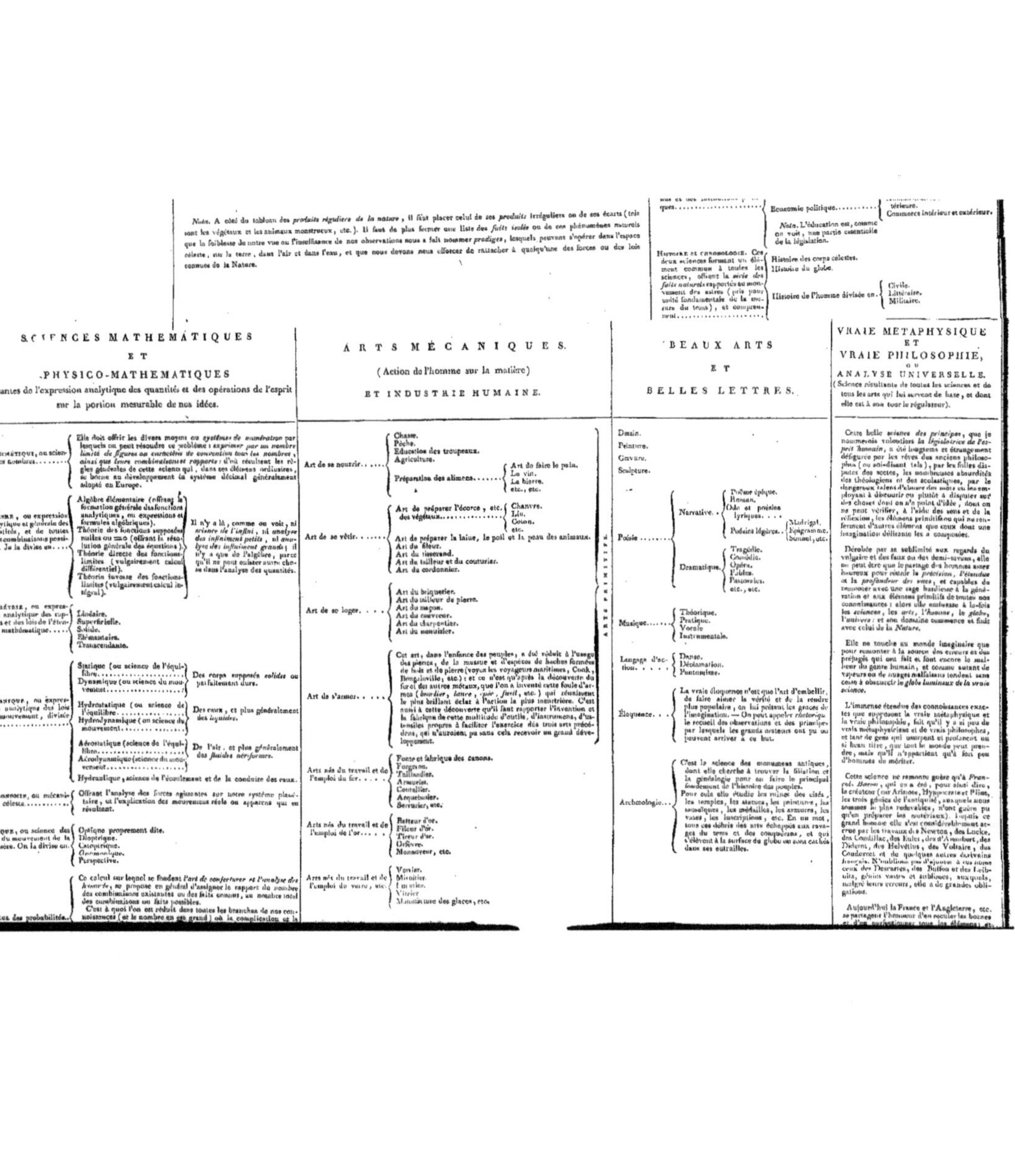

Nota. A côté du tableau des *produits réguliers de la nature*, il faut placer celui de ses *produits* irréguliers ou de ses écarts (tels sont les végétaux et les animaux monstrueux, etc.). Il faut de plus former une liste des *faits isolés* ou de ces phénomènes naturels que la foiblesse de notre vue ou l'insuffisance de nos observations nous a fait nommer *prodiges*, lesquels peuvent s'opérer dans l'espace céleste, sur la terre, dans l'air et dans l'eau, et que nous devons nous efforcer de rattacher à quelqu'une des forces ou des lois connues de la Nature.

...nes et des [illegible]ques............ { Économie politique............ { térieure. / Commerce intérieur et extérieur.

Nota. L'éducation est, comme on voit, une partie essentielle de la législation.

HISTOIRE ET CHRONOLOGIE. Ces deux sciences formant un élément commun à toutes les sciences, offrent la *série des faits naturels* rapportés au mouvement des astres (pris pour unité fondamentale de la mesure du tems), et comprennent............ { Histoire des corps célestes. / Histoire du globe. / Histoire de l'homme divisée en. { Civile. / Littéraire. / Militaire. }

SCIENCES MATHÉMATIQUES ET PHYSICO-MATHÉMATIQUES

Naissantes de l'expression analytique des quantités et des opérations de l'esprit sur la portion mesurable de nos idées.

ARITHMÉTIQUE, ou science des nombres. — Elle doit offrir les divers moyens ou systèmes de numération par lesquels on peut résoudre ce problème : exprimer par un nombre limité de figures ou caractères de convention tous les nombres, ainsi que leurs combinaisons et rapports d'où résultent les règles générales de cette science qui, dans ses éléments ordinaires, se borne au développement du système décimal généralement adopté en Europe.

ALGÈBRE, ou expression analytique et générale des quantités, et de toutes leurs combinaisons possibles. Je la divise en : — Algèbre élémentaire (offrant la formation générale des fonctions analytiques, ou expressions et formules algébriques). Théorie des fonctions supposées nulles ou zéro (offrant la résolution générale des équations). Théorie directe des fonctions limites (vulgairement calcul différentiel). Théorie inverse des fonctions limites (vulgairement calcul intégral).

Il n'y a là, comme on voit, ni science de l'infini, ni analyse des infiniment petits, ni analyse des infiniment grands ; il n'y a que de l'algèbre, parce qu'il ne peut exister autre chose dans l'analyse des quantités.

GÉOMÉTRIE, ou expression analytique des rapports et des lois de l'étendue mathématique. — Linéaire. / Superficielle. / Solide. / Élémentaire. / Transcendante.

MÉCANIQUE, ou expression analytique des lois du mouvement, divisée en :
- Statique (ou science de l'équilibre). / Dynamique (ou science du mouvement). } Des corps supposés solides ou parfaitement durs.
- Hydrostatique (ou science de l'équilibre). / Hydrodynamique (ou science du mouvement). } Des eaux, et plus généralement des liquides.
- Aérostatique (science de l'équilibre). / Aérodynamique (science du mouvement). } De l'air, et plus généralement des fluides aériformes.
- Hydraulique, science de l'écoulement et de la conduite des eaux.

ASTRONOMIE, ou mécanique céleste. — Offrant l'analyse des forces agissantes sur notre système planétaire, et l'explication des mouvements réels ou apparents qui en résultent.

OPTIQUE, ou science des lois du mouvement de la lumière. On la divise en : — Optique proprement dite. / Dioptrique. / Catoptrique. / Gnomonique. / Perspective.

CALCUL des probabilités. — Ce calcul sur lequel se fondent *l'art de conjecturer et l'analyse des hasards*, se propose en général d'assigner le rapport du nombre des combinaisons existantes ou des faits connus, au nombre total des combinaisons ou faits possibles. C'est à quoi l'on en est réduit dans toutes les branches de nos connaissances (et le nombre en est grand) où la complication et la...

ARTS MÉCANIQUES.

(Action de l'homme sur la matière)

ET INDUSTRIE HUMAINE.

Art de se nourrir. — Chasse. / Pêche. / Éducation des troupeaux. / Agriculture. / Préparation des aliments... { Art de faire le pain. / Le vin. / La bierre. / etc., etc.

Art de se vêtir. — Art de préparer l'écorce, etc. des végétaux... { Chanvre. / Lin. / Coton. / etc. } / Art de préparer la laine, le poil et la peau des animaux. / Art du fileur. / Art du tisserand. / Art du tailleur et du couturier. / Art du cordonnier.

Art de se loger. — Art du briquetier. / Art du tailleur de pierre. / Art du maçon. / Art du couvreur. / Art du charpentier. / Art du menuisier.

Art de s'armer. — Cet art, dans l'enfance des peuples, a dû réduit à l'usage des pierres, de la massue et d'espèces de haches formées de bois et de pierre (voyez les voyageurs maritimes, Cook, Bougainville, etc.) ; et ce n'est qu'après la découverte du fer et des autres métaux, que l'on a inventé cette foule d'armes (*bouclier, lance, épée, fusil*, etc.) qui réunissent le plus brillant éclat à l'action la plus meurtrière. C'est ainsi à cette découverte qu'il faut rapporter l'invention et la fabrique de cette multitude d'outils, d'instruments, d'ustensiles propres à faciliter l'exercice des trois arts précédents, qui n'auroient pu sans cela recevoir un grand développement.

Arts nés du travail et de l'emploi du fer. — Fonte et fabrique des canons. / Forgeron. / Armurier. / Coutellier. / Arquebusier. / Serrurier, etc.

Arts nés du travail et de l'emploi de l'or. — Batteur d'or. / Fileur d'or. / Tireur d'or. / Orfèvre. / Monnoyeur, etc.

Arts nés du travail et de l'emploi du verre, etc. — Vitrier. / Miroitier. / Émailleur. / Vitrier. / Manufacture des glaces, etc.

ARTS PRIMITIFS

BEAUX ARTS ET BELLES LETTRES.

Dessin. / Peinture. / Gravure. / Sculpture.

Poésie {
- Narrative. { Poème épique. / Roman. / Ode et poésies lyriques. / Poésies légères. { Madrigal. / Épigramme. / Sonnet, etc. }
- Dramatique. { Tragédie. / Comédie. / Opéra. / Fables. / Pastorales. / etc., etc. }
}

Musique. — Théorique. / Pratique. / Vocale. / Instrumentale.

Langage d'action. — Danse. / Déclamation. / Pantomime.

Éloquence. — La vraie éloquence n'est que l'art d'embellir, de faire aimer la vérité et de la rendre plus populaire, en lui prêtant les graces de l'imagination. — On peut appeler *rhétorique* le recueil des observations et des principes par lesquels les grands orateurs ont pu ou peuvent arriver à ce but.

Archéologie. — C'est la science des monuments antiques, dont elle cherche à trouver la filiation et la généalogie pour en faire le principal fondement de l'histoire des peuples. Pour cela elle étudie les ruines des cités, les temples, les statues, les peintures, les mosaïques, les médailles, les armures, les vases, les inscriptions, etc. En un mot, tous ces débris des arts échappés aux ravages du tems et des conquérans, et qui s'élèvent à la surface du globe ou sont cachés dans ses entrailles.

VRAIE MÉTAPHYSIQUE ET VRAIE PHILOSOPHIE, ou ANALYSE UNIVERSELLE.

(Science résultante de toutes les sciences et de tous les arts qui lui servent de base, et dont elle est à son tour le régulateur.)

Cette belle science *des principes*, que je nommerais volontiers la *législatrice de l'esprit humain*, a été longtems et étrangement défigurée par les rêves des anciens philosophes (ou soi-disant tels), par les folles disputes des sectes, les nombreuses absurdités des théologiens et des scolastiques, par le dangereux talent d'élever des mots et en employant à découvrir ou plutôt à disputer sur des choses dont on n'a point d'idée, dont on ne peut vérifier, à l'aide des sens et de la réflexion, les éléments primitifs ou qui ne renferment d'autres éléments que ceux dont une imagination délirante les a composées.

Dérobée par sa sublimité aux regards du vulgaire et des faux ou des demi-savans, elle ne peut être que le partage des hommes assez heureux pour réunir la *précision*, l'*étendue* et la *profondeur des vues*, et capables de remonter avec une sage hardiesse à la génération et aux éléments primitifs de toutes nos connaissances : alors elle embrasse à la-fois les sciences, les arts, l'homme, le globe, l'univers ; et son domaine commence et finit avec celui de la *Nature*.

Elle ne touche au monde imaginaire que pour remonter à la source des erreurs et des préjugés qui ont fait et font encore le malheur du genre humain, et comme autant de vapeurs ou de nuages malfaisans tendent sans cesse à obscurcir le *globe lumineux de la vraie science*.

L'immense étendue des connaissances exactes que supposent la vraie métaphysique et la vraie philosophie, fait qu'il y a si peu de vrais métaphysiciens et de vrais philosophes, et tant de gens qui usurpent et profanent un si beau titre, que tout le monde peut prendre, mais qu'il n'appartient qu'à fort peu d'hommes de mériter.

Cette science ne remonte guère qu'à François *Bacon*, qui en a été, pour ainsi dire, le créateur (car Aristote, Hyppocrate et Pline, les trois gloires de l'antiquité, auxquels nous sommes le plus redevables, n'ont guère fait qu'en préparer les matériaux). Depuis ce grand homme elle s'est considérablement accrue par les travaux de *Newton*, des *Locke*, des *Condillac*, des *Euler*, des d'*Alembert*, des *Diderot*, des *Helvétius*, des *Voltaire*, des *Condorcet* et de quelques autres écrivains français. N'oublions pas d'ajouter à ces noms ceux des *Descartes*, des *Buffon* et des *Leibnitz*, génies vastes et sublimes, auxquels, malgré leurs erreurs, elle a de grandes obligations.

Aujourd'hui la France et l'Angleterre se partagent l'honneur d'en reculer les bornes et d'en perfectionner tous les éléments, etc.

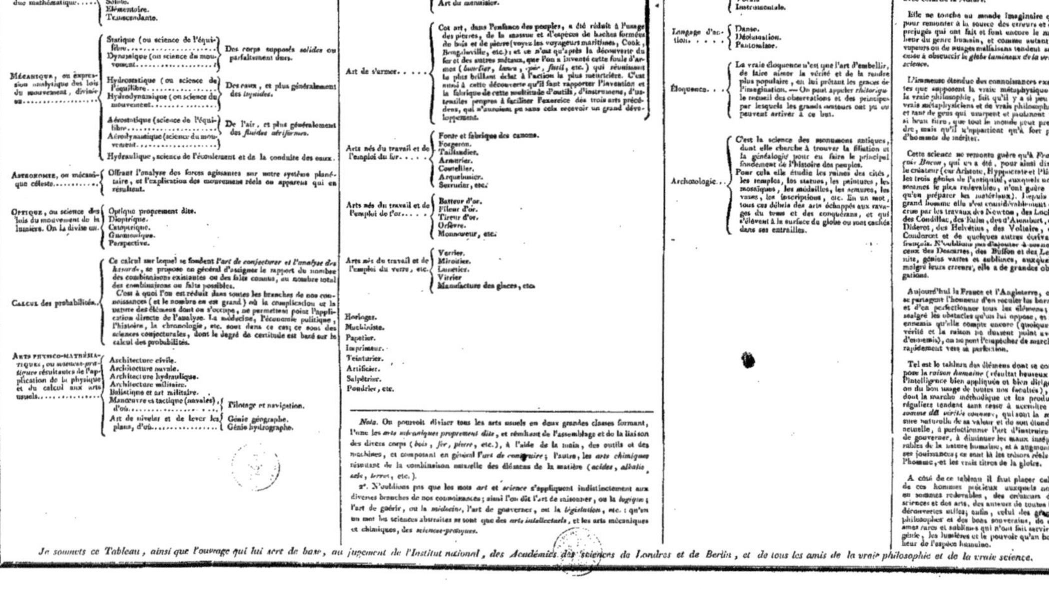

Sciences	Subdivisions	
GÉOMÉTRIE, ou expression analytique des rapports et des lois de l'étendue mathématique.....	Théorie directe des fonctions-limites (vulgairement calcul différentiel). Théorie inverse des fonctions-limites (vulgairement calcul intégral).	il n'y a que de l'algèbre, parce qu'il ne peut exister autre chose dans l'analyse des quantités.
	Linéaire. Superficielle. Solide. Élémentaire. Transcendante.	
MÉCANIQUE, ou expression analytique des lois du mouvement, divisée en.....	Statique (ou science de l'équilibre...... Dynamique (ou science du mouvement......	Des corps supposés *solides* ou parfaitement durs.
	Hydrostatique (ou science de l'équilibre...... Hydrodynamique (ou science du mouvement......	Des eaux, et plus généralement des *liquides*.
	Aérostatique (science de l'équilibre...... Aérodynamique (science du mouvement......	De l'air, et plus généralement des *fluides aériformes*.
	Hydraulique, science de l'écoulement et de la conduite des eaux.	
ASTRONOMIE, ou mécanique céleste......	Offrant l'analyse des forces agissantes sur notre système planétaire, et l'explication des mouvemens réels ou apparens qui en résultent.	
OPTIQUE, ou science des lois du mouvement de la lumière. On la divise en.....	Optique proprement dite. Dioptrique. Catoptrique. Gnomonique. Perspective.	
CALCUL des probabilités.	Ce calcul sur lequel se fondent *l'art de conjecturer et l'analyse des hasards*, se propose en général d'assigner le rapport du nombre des combinaisons existantes ou des faits connus, au nombre total des combinaisons ou faits possibles. C'est à quoi l'on est réduit dans toutes les branches de nos connoissances (et le nombre en est grand) où la complication et la nature des élémens dont on s'occupe, ne permettent point l'application directe de l'analyse. La médecine, l'économie politique, l'histoire, la chronologie, etc, sont dans ce cas; ce sont des sciences conjecturales, dont le degré de certitude est basé sur le calcul des probabilités.	
ARTS PHYSICO-MATHÉMATIQUES, ou *sciences-pratiques* résultantes de l'application de la physique et du calcul aux arts usuels......	Architecture civile. Architecture navale. Architecture hydraulique. Architecture militaire. Balistique et art militaire. Manœuvre et tactique (navales), d'où... → Pilotage et navigation. Art de niveler et de lever les plans, d'où... → Génie géographe. Génie hydrographe.	

ARTS UTILES

Arts	
Art de se vêtir....	Art du tisserand. Art du tailleur et du couturier. Art du cordonnier.
Art de se loger....	Art du briquetier. Art du tailleur de pierre. Art du maçon. Art du couvreur. Art du charpentier. Art du menuisier.
Art de s'armer.....	Cet art, dans l'enfance des peuples, a été réduit à l'usage des pierres, de la massue et d'espèces de haches formées de bois et de pierre (voyez les voyageurs maritimes, Cook, Bougainville, etc.); et ce n'est qu'après la découverte du fer et des autres métaux, que l'on a inventé cette foule d'armes (*bouclier, lance, épée, fusil*, etc.) qui réunissent le plus brillant éclat à l'action la plus meurtrière. C'est aussi à cette découverte qu'il faut rapporter l'invention et la fabrique de cette multitude d'outils, d'instrumens, d'ustensiles propres à faciliter l'exercice des trois arts précédens, qui n'auroient pu sans cela recevoir un grand développement.
Arts nés du travail et de l'emploi du fer.....	Fonte et fabrique des canons. Forgeron. Taillandier. Armurier. Coutelier. Arquebusier. Serrurier, etc.
Arts nés du travail et de l'emploi de l'or.....	Batteur d'or. Fileur d'or. Tireur d'or. Orfèvre. Monnoyeur, etc.
Arts nés du travail et de l'emploi du verre, etc..	Verrier. Miroitier. Lunetier. Vitrier. Manufacture des glaces, etc.

Horloger.
Machiniste.
Papetier.
Imprimeur.
Teinturier.
Artificier.
Salpêtrier.
Poudrier, etc.

ARTS D'AGRÉMENT

Arts d'agrément	
Dramatique.	Tragédie. Comédie. Opéra. Fables. Pastorales. etc. etc.
Musique......	Théorique. Pratique. Vocale. Instrumentale.
Langage d'action.....	Danse. Déclamation. Pantomime.
Éloquence....	La vraie éloquence n'est que l'art d'embellir, de faire aimer la vérité et de la rendre plus populaire, en lui prêtant les graces de l'imagination. — On peut appeler *rhétorique* le recueil des observations et des principes par lesquels les grands orateurs ont pu ou peuvent arriver à ce but.
Archéologie...	C'est la science des monumens antiques, dont elle cherche à trouver la filiation et la généalogie pour en faire le principal fondement de l'histoire des peuples. Pour cela elle étudie les ruines des cités, les temples, les statues, les peintures, les mosaïques, les médailles, les armures, les vases, les inscriptions, etc. En un mot, tous ces débris des arts échappés aux ravages du tems et des conquérans, et qui s'élèvent à la surface du globe ou sont cachés dans ses entrailles.

Dérobée par sa sublimité aux regards du vulgaire et des faux ou des demi-savans, elle ne peut être que le partage d'hommes assez heureux pour réunir la prévision, l'étendue et la *profondeur des vues*, et capables de remonter avec une sage hardiesse à la génération et aux élémens primitifs de toutes nos connoissances : alors elle embrasse à la-fois les *sciences*, les *arts*, l'*homme*, le *globe*, l'*univers* : et son domaine commence et finit avec celui de la *Nature*.

Elle ne touche au monde imaginaire que pour remonter à la source des erreurs et des préjugés qui ont fait et font encore le malheur du genre humain, et comme autant de vapeurs ou de nuages malfaisans tendent sans cesse à obscurcir le *globe lumineux de la vraie science*.

L'immense étendue des connoissances exactes que suppose la vraie métaphysique et la vraie philosophie, fait qu'il y a si peu de vrais métaphysiciens et de vrais philosophes, et tant de gens qui croyent et puissent ce si beau titre, que tout le monde peut prendre, mais qu'il n'appartient qu'à fort peu d'hommes de mériter.

Cette science ne remonte guère qu'à François Bacon, qui en a été, pour ainsi dire, le créateur (car Aristote, Hippocrate et Pline, les trois génies de l'antiquité, auxquels nous sommes le plus redevables, n'ont guère fait qu'en préparer les matériaux). Depuis ce grand homme qui s'est considérablement accru par les travaux de Newton, des Locke, des Condillac, des Euler, des d'Alembert, des Diderot, des Helvétius, des Voltaire, des Condorcet et de quelques autres écrivains français. N'oublions pas d'ajouter à nos noms ceux des Descartes, des Buffon et des Leibnitz, génies vastes et sublimes, auxquels, malgré leurs erreurs, elle a de grandes obligations.

Aujourd'hui la France et l'Angleterre, etc. se partagent l'honneur d'en reculer les bornes et d'en perfectionner tous les élémens; et malgré les obstacles qu'on lui oppose, et les ennemis qu'elle compte encore (quoique la vérité et la raison ne doivent point la servir d'ennemis), on ne peut l'empêcher de marcher rapidement vers sa perfection.

Tel est le tableau des élémens dont se compose la *raison humaine* (résultat heureux de l'intelligence bien appliquée et bien dirigée ou du bon usage de toutes nos facultés); et dont la marche méthodique et les produits réguliers tendent sans cesse à accroître la somme des *vérités connues*, qui sont la mesure naturelle de sa valeur et de son étendue actuelle, à perfectionner l'art d'instruire et de gouverner, à diminuer les maux inséparables de la nature humaine, et à augmenter ses jouissances : ce sont là les trésors réels de l'homme, et les vrais titres de sa gloire.

A côté de ce tableau il faut placer celui des hommes précieux auxquels nous en sommes redevables, des créateurs des sciences et des arts, des auteurs de toutes les découvertes utiles; enfin, celui des grands philosophes et des bons souverains, de ces âmes rares et sublimes qui n'ont fait servir le génie, les lumières et le pouvoir qu'au bonheur de l'espèce humaine.

Nota. On pourroit diviser tous les arts usuels en deux grandes classes formant, l'une les *arts mécaniques proprement dits*, et résultant de l'assemblage et de la liaison des divers corps (*bois, fer, pierre,* etc.), à l'aide de la main, des outils et des machines, et composant en général *l'art de construire*; l'autre, les *arts chimiques* résultant de la combinaison naturelle des élémens de la matière (*acides, alkalis, sels, terres,* etc.).

2°. N'oublions pas que les mots *art* et *science* s'appliquent indistinctement aux diverses branches de nos connoissances; ainsi l'on dit l'art de raisonner, ou la *logique*; l'art de guérir, ou la *médecine*, l'art de gouverner, ou la *législation*, etc.: qu'en un mot les sciences abstraites ne sont que des *arts intellectuels*, et les arts mécaniques et chimiques, des *sciences-pratiques*.

Je soumets ce Tableau, ainsi que l'ouvrage qui lui sert de base, au jugement de l'Institut national, des Académies des sciences de Londres et de Berlin, et de tous les amis de la vraie philosophie et de la vraie science.

MONDE IMAGINAIRE,
ET PRODUITS IRRÉGULIERS DE LA FORCE PENSANTE.

Le mot *Nature* exprime une idée claire, uniforme, la même pour tout le genre humain : pour l'obtenir il suffit de sentir, d'avoir des yeux et de regarder l'*Univers en action*, ou l'amas de tous les corps soumis aux lois éternelles du mouvement. Sur quelque point du globe qu'on soit placé, on s'y sent retenu par une force supérieure ; on y est témoin des mouvemens célestes ; on y voit les météores s'engendrer, les fleuves couler, l'air s'agiter, les nuages et les orages se former, les végétaux germer et croître, les animaux naître et se mouvoir, etc. Tout homme, en vertu des lois de son organisation, éprouve donc sans cesse l'influence de l'univers extérieur, et le sentiment de la *force générale de la Nature* (là-dessus le consentement ou l'accord des hommes ne peut manquer d'être universel). Mais cette puissance supérieure que le physicien observe et analyse, que le géomètre soumet au calcul, ce dieu des Newton, des Buffon et de tous les êtres pensans, échappe par sa grandeur et son auguste simplicité, aux regards du vulgaire qui par tout le globe, dans tous les tems et chez tous les peuples enfans, l'a représentée par des images plus ou moins bizarres, et de là cette foule de *dieux*, de *génies* (bien et malfaisans), d'*esprits* supérieurs et subalternes (*anges*, *démons*, etc.), qui, sous une forme humaine, ou même sous la forme de divers animaux, sont devenus les premiers acteurs de la grande scène du monde, et ont été pour la populace de toutes les nations un objet d'adoration et de culte religieux : de là

LES COSMOGONIES ET THÉOGONIES, etc., composant la Théologie ou Mythologie.........................

- des Indiens.
- des Chinois.
- des Japonais.
- des Chaldéens.
- des Perses.
- des Égyptiens.
- des Phéniciens.
- des Grecs.
- des Romains.
- des Celtes.
- des Juifs.
- des Chrétiens.
- des Mahométans.
- des Américains.
- des Insulaires de la mer du Sud, et autres peuplades sauvages habitant les îles ou les continens.

De là. . . . .

- la Théosophie.
- l'Astrologie.
- l'Onthologie.
- la Pneumatologie.
- la Magie.
- la Divination.
- les Oracles.
- les Prophéties.
- les Mystères.
- les Miracles ou prodiges (c'est-à-dire des faits impossibles donnés pour vrais).

De là les sectes soi-disant philosophiques. . . . . .

- Pithagoriciens.
- Platoniciens.
- Académiciens.
- Stoïciens.
- Épicuriens.
- Péripathéticiens.
- Pirrhoniens.
- Cyniques.
- Atomistes.
- Théistes.
- Athéistes.
- Cartésiens.
- Léibnitiens.
- Spinosistes, etc.

De là les sectes théologiques. . . . .

- Luthériens.
- Calvinistes.
- Catholiques.
- Jansénistes.
- Molinistes.
- Anabaptistes.
- Adamites.
- Sociniens.
- Abeliens.
- Nestoriens.
- Ariens.
- Eutichiens.
- Monothólites.
- Manichéens, etc.

De là ces rêveries, ces dogmes, ces systèmes, cette superstition, ce fanatisme, etc., qui ne servent qu'à démontrer la crédulité et la fourberie, la folie et la méchanceté de l'homme qu'ils déshonorent et rendent misérable : de là enfin l'art funeste d'abrutir les hommes en substituant dans leur tête les élémens du monde imaginaire à la place des élémens de l'univers réel, en les empêchant de voir ce qui est, et les habituant à voir c[...] a pas.

Parmi tous ces groupes prosternés devant des fantômes émanés des cerveaux humains [...] [p]hilosophe peut envisager sans rougir, c'est celui que forment les adorateurs de l'univers, ou des différentes parties de ce vaste corps (le soleil, la terr[e ...], les étoiles, le feu, la lumière, etc.), ce culte rentre dans celui de la nature, car il attribue une influence et une puissance réelles à des corps qui [...] doués, et qui sont des élémens du *grand tout* : il a dû être la [...] [pre]mière religion des peuples enfans, parce qu'il est fondé sur le témoignage des sens, [...] bien préférable à celui que l'homme a rendu ensuite à ces *enfans*

> Nestoriens.
> Ariens.
> Eutichiens.
> Monothélites.
> Manichéens, etc.

De là ces rêveries, ces dogmes, ces systèmes, cette superstition, ce fanatisme, etc., qui ne servent qu'à démontrer la crédulité et la fourberie, la folie et la méchanceté de l'homme qu'ils déshonorent et rendent misérable : de là enfin l'art funeste d'abrutir les hommes en substituant dans leur tête les élémens du monde imaginaire à la place des élémens de l'univers réel, en les empêchant de voir ce qui est, et les habituant à voir ce qui n'est pas.

Parmi tous ces groupes prosternés devant des fantômes émanés des cerveaux humains il en est un que le philosophe peut envisager sans rougir, c'est celui que forment les adorateurs de l'univers, ou des différentes parties de ce vaste corps (le soleil, la terre, la lune, les planètes, les étoiles, le feu, la lumière, etc.), ce culte rentre dans celui de la nature, car il attribue une influence et une puissance réelles à des corps qui en sont véritablement doués, et qui sont des élémens du *grand tout :* il a dû être la première religion des peuples enfans, parce qu'il est fondé sur le témoignage des sens, et il me semble bien préférable à celui que l'homme a rendu ensuite à ces *enfans de son imagination* qu'il a placés au-dessus de la nature pour en faire mouvoir les ressorts.

Sans doute (du moins il faut le croire pour l'honneur de l'esprit humain) les fables religieuses n'ont été d'abord qu'un recueil d'allégories (*expression primitive des vérités naturelles, et symbole des faits astronomiques*); mais ces allégories intelligibles pour leurs inventeurs, ayant été ensuite prises à la lettre par le vulgaire (animal timide, crédule, avide du merveilleux, et qui a la fureur d'expliquer à sa façon ce qu'il ne voit pas, ne connoît pas, ou ne comprend pas), n'ont plus offert, après bien des altérations produites par le laps des siècles, qu'un monstrueux amas d'absurdités devenues sacrées par l'autorité, l'habitude et le tems.

La forme de la vérité est *une*; sa marche est simple et invariable comme la ligne droite qui la représente : l'erreur au contraire est *multiforme*, et pour ainsi dire *infinitiforme* (et de là l'immense bigarrure de la folie humaine comparée au petit domaine de la raison), mais tous les écarts de l'esprit humain peuvent se rapporter à un assez petit nombre de causes, et sur-tout aux suivantes.

1°. *Associer des idées incompatibles, et par là former des notions fausses;*

2°. *Mettre dans les objets ou les idées ce qui n'y est point ou ne doit pas y être, et en retrancher ce qui en fait ou doit en faire partie;*

3°. *Réaliser des hypothèses gratuites, des abstractions, des fantômes;*

4°. *Trop généraliser des observations ou des faits particuliers, et juger d'après le rapport d'un seul sens, quand on ne peut bien le faire que sur le rapport uniforme de tous les sens vérifiés les uns par les autres, ou par le raisonnement et le calcul;*

5°. *Tirer des conséquences exactes de faux principes, et de fausses conséquences de principes vrais;*

6°. *Abuser des mots* (c'est-là cette grande source de déraison et d'erreur sur laquelle j'ai tant insisté dans la première partie de cet ouvrage).

Les sens, les instrumens, le cerveau (principal organe de l'esprit), sont nos trop grands moyens de connoître, mais tous trois sont autant de sources d'erreurs pour qui ne sait pas s'en servir, et de là les descriptions inexactes et les faits controuvés mêlés à *l'histoire de la nature,* à *l'histoire de l'homme* (qui a tant de peine à se bien voir lui-même), et à *l'histoire des arts.* De là nos préjugés en *physique,* en *médecine,* en *astronomie,* en *chronologie,* etc. De là cette foule de livres où *un peu de vrai* se trouve noyé dans *une immense quantité de faux.* De là les faux savans et les fausses sciences. De là enfin les écarts des meilleurs philosophes ou des hommes qui ont le plus contribué aux progrès de la raison.

Aux différentes sources d'erreurs il faut joindre les *passions* qui nous cachent la vérité et nous la font haïr; c'est pour les satisfaire que l'on a vu dans tous les tems tant d'enthousiastes, d'ambitieux et de fourbes faire hautement l'apothéose du mensonge et l'éloge de la stupidité, sur lesquels ils fondoient leurs revenus et leurs plaisirs : c'est pour soutenir l'existence d'une chimère utile que l'on a vu ces *ministres des dieux dont ils étoient les créateurs,* ordonner et diriger ces guerres, ces persécutions, ces massacres qui ont enlevé à l'espèce humaine plus de trente millions d'hommes, et les hommes qui en étoient le plus bel ornement.

A côté du tableau des élémens du monde imaginaire, il faut placer la liste des noms de ses auteurs, celui des charlatans et des scélérats hypocrites, ennemis jurés de la *Nature,* de la *raison,* de la *philosophie* et de la *science,* dont ils n'ont pas rougi d'usurper et de profaner les noms, et qui, dans tous les siècles et dans tous les pays, ont le plus contribué à tromper, à aveugler, à tourmenter les hommes, et à les rendre malheureux.

Terminons cette esquisse des écarts et des abus de la force pensante en rapprochant et offrant sous un même coup-d'œil (mais dans deux cadres séparés, et avec les attributs qui les caractérisent) les deux grands tableaux qui contiennent tous les produits bons et mauvais de l'esprit humain.

<table>
<tr><td colspan="3" align="center">NATURE.</td><td colspan="3" align="center">MONDE IMAGINAIRE.</td></tr>
<tr>
<td align="center">RAISON
ET
VÉRITÉ.</td>
<td align="center" style="border:1px solid">PRODUITS RÉGULIERS
DE LA
FORCE PENSANTE,
ET
GLOIRE DE L'ESPRIT HUMAIN.</td>
<td align="center">PHILOSOPHIE
ET
SCIENCE.</td>
<td align="center">DÉRAISON
ET
FAUSSETÉ.</td>
<td align="center" style="border:1px solid">PRODUITS IRRÉGULIERS
ET MONSTRUEUX
DE LA FORCE PENSANTE,
ET
OPPROBRE DE L'ESPRIT HUMAIN.</td>
<td align="center">BARBARIE
ET
IGNORANCE.</td>
</tr>
<tr><td colspan="3" align="center">LIBERTÉ ET LUMIERES.</td><td colspan="3" align="center">DESPOTISME ET TÉNÈBRES.</td></tr>
</table>

Nature! Vérité! Justice! Dieux de l'homme qui pense! Dieux trop méconnus et si passagers sur ce globe, dont les habitans n'ont guère fait encore que vous entrevoir et vous perdre; puissiez-vous un jour exister dans la tête et le cœur de tous les hommes, avoir par-tout des autels et être les trois grandes et les seules Divinités du genre humain!

9 782013 590891